人類社会のうつりかわり（p.5　図1）

HAL医療用下肢タイプを使い治療する様子（p.7 写真1 関連）

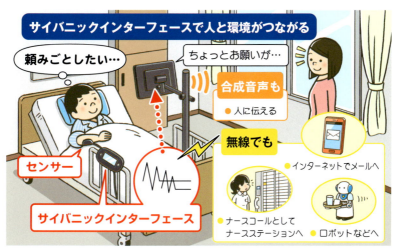

サイバニックインターフェースで人と環境がつながる（p.12　図2）

テクノピアサポート（p.14　図3）

『I, ROBOT』 2015年、訳者の小尾芙佐様にサインをしてもらった（p.21　写真9）

各国語訳された『I, ROBOT』（p.23　写真10）

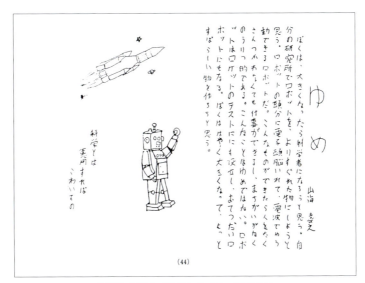

小学校文集の『ゆめ』(p.25 写真11)

ハーバード大学のビジネススクール（HBS）にて (p.36 写真12)

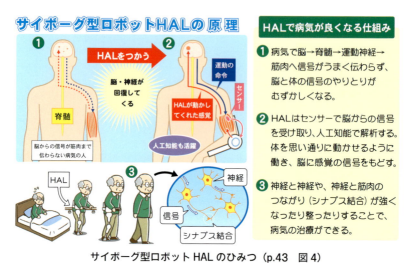

サイボーグ型ロボットHALのひみつ（p.43　図4）

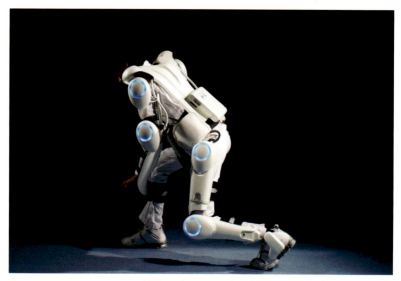

HAL-5（p.47　写真13）

天皇皇后両陛下とスペイン国王ご夫妻ご訪問（p.50　写真15）

未来に立っていまを見る（p.63　図5）

7

サイバニクスが拓く未来
テクノピアサポートの時代を生きる君たちへ

山海嘉之
Yoshiyuki SANKAI

筑波大学出版会

Pioneering the Future with Cybernics
−Dawn of the era of Techno Peer Support−

by Yoshiyuki SANKAI

University of Tsukuba Press, Tsukuba, Japan
Copyright © 2018 by Yoshiyuki SANKAI

ISBN978-4-904074-47-3　C0040

刊行によせて

東京成徳大学教授・筑波大学名誉教授（前筑波大学副学長）

石隈 利紀

　今日私たちが挑戦すべき課題は、多様性の共生です。世代、文化・人種、障がいなど身体的な特徴を含む多様性を理解し、尊重し、共に生きていく道を探っています。この課題をとくための鍵は、未来をつくる若者と大人が、今日の危機を共有し、課題に取り組む責任を共有し、明日への希望を共有することです。

　筑波大学出版会10周年企画として、『サイバニクスが拓く未来―テクノピアサポートの時代を生きる君たちへ―』を刊行します。このきっかけとなったのが、2014年1月11日（土）、筑波大学開学40＋101周年記念事業の一環として開催された講演会「山海嘉之教授、中高生と大いに語る」でした。集まったのは、筑波大学附属中学校、附属高等学校、附属坂戸高等学校、附属駒場中・高等学校、附属視覚特別支援学校、附属聴覚特別支援学校、附属桐が丘特別支援学校の中学生、高校生を含めて約150名です。障がいのある子どもも含めて、多様で、多感な生徒たちが、山海先生の話を聞き、質問をし、討論しました。山海先生は、生徒たちの率直な質問に、誠実に、熱心に応えてくださいました。例えば、スキーでパラリンピックをめざす、重心を前にするのが困難な生徒には「HALを介して身体の動きを教えることができるんだよ」と伝え、また「HALが戦争に使われないか」と心配する生徒には「科学技術は人や

iii

社会に役立ってこそ意味がある」ので「軍事転用できないように、さまざまな工夫をしているんだよ」と伝えてくださいました。

　山海先生は生徒たちに「未来開拓型人材」になるように話され、その人材になるために重要なこととして、「夢」「情熱」「人を思いやる心」をあげられました。そして「未来の開拓を皆さんに託す」と言われたのです。ある高校生は「（未来を託されたなかに）自分も入っているってすごいことだよね。ただ、何かが好きなだけじゃダメで、何が自分にできるか考えないといけないな」とつぶやきました。ロボットスーツHALを開発し、医療・介護の領域などで画期的な貢献を続ける、まさに未来開拓の世界的リーダーである先生から未来を託された中学生や高校生の感動が伝わってきます。

　筑波大学出版会は、山海先生の講演と生徒とのやりとりを通したメッセージを多くの若者に伝えたい、未来を開拓する若者に勇気を与えたいと考え、本書を企画しました。本書は、この講演会の内容をもとに、山海先生が加筆修正を加えてくださったものです。わかりにくい用語には解説を加え、また楽しいイラストを入れました。

　本書の「科学少年の軌跡」や「理想を実現するための道のり」は人々に生きる勇気を与え、「専門分野の越境」や「テクノピアサポートの時代を生きる」は、「技術を使って、共に支え合う社会をめざす」知恵を与えます。そして生徒たちとの「質疑応答」は、まさに山海先生とこれからの未来をつくる若者との対話であり、人々に希望を与えます。本書を通して、山海先生からのメッセージを科学・福祉を

めざす人々、そして未来をつくるすべての人々に贈り、未来への希望を共有したいと思います。

　最後に、世界最先端の研究、日本の研究のリーダーシップ、学生・大学院生のご指導でまさに寝食の時間を取るのも厳しいなか、本書の企画に賛同され、執筆に時間をとっていただいた山海嘉之教授には、適切なお礼のことばが見つかりません。ただただ深謝いたします。山海先生の貴重な知恵と時間をいただいて、本書を世に出すことのできる幸せを感じております。講演会のお世話をしてくださった筑波大学附属学校教育局の松本末男先生、濱本悟志先生、甲斐雄一郎先生、また本書の完成にご尽力をいただいた、サイバーダイン（CYBERDYNE）社の池本しおり様、サイバニクス研究室の鈴木千科子様にお礼申し上げます。そして本書の完成までしっかりと支えてくださった飯塚桂子様はじめ筑波大学出版会関係者に感謝いたします。

刊行によせて（石隈 利紀）……………………………… iii

《PART 1　講話　未来開拓への挑戦》………… 1

Ⅰ　未来開拓を加速する大切なキーワード ……………… 3
1　未来開拓の三つの柱　4
2　人・ロボット・情報の共生を実現する新領域「サイバニクス」　7
3　テクノピアサポートの時代　13
4　テクノロジーが社会変革へとつながるために
　　（こうしてテクノロジーは社会で生きていく）　15

Ⅱ　科学少年の軌跡 …………………………………………… 19
1　『I, ROBOT（われはロボット）』との出会い　20
2　模倣から創造へ　25
3　科学実験の楽しみ　28
4　学校生活で大切なこと　31
5　すべての分野はつながっている（理系も文系もすべてが大切）　33

Ⅲ　理想を実現するための道のり ………………………… 37
1　研究成果の社会実装　38

2 人育ての柱となるもの　40

3 革新的サイバニックシステムとしての「HAL」　42

4 あるべき姿の未来を描く　45

5 天皇皇后両陛下をお迎えする　48

6 国際規格をつくる　51

Ⅳ　専門分野の越境 ････････････････････････････････ 55

1 テクノロジーの進化が新たに概念の拡張をつくっていく

（テクノロジーの進化が新たな概念を構成する）　56

2 キカイダーとハカイダー　58

3 テクノロジーで哲学も進化する　61

4 神経難病分野での医療用 HAL　64

5 欧州から始まった世界展開　68

6 テクノロジーは人や社会のためにある　70

Ⅴ　テクノピアサポートの時代を生きる ･･･････････････ 77

《PART 2　質疑応答　中高生と大いに語る》

･･ 83

1 HAL は誤作動を起こさないのか？ ･･････････････････ 85

2 HAL の新たな機能と動物用 HAL ･･････････････････ 87

3 故障から人を守るための工夫 ････････････････････ 88

4	軍事利用を回避する方策	89
5	他者の運動機能共有の可能性	92
6	HAL の未来	94
7	HAL のまろやかな動きとメンタルサポート	96
8	HAL の動力	98
9	HAL の電磁波が人体に与える影響	100
10	勉強の順序について	101
11	筋力に与える影響	104
12	HAL のデザイン	105
13	HAL のサイズ調整	108
14	HAL の特許をめぐって	109

・謝辞（生徒から）　112

・謝辞（教職員から）　114

・むすびの挨拶　山海先生　116

著者紹介 ……………………………………………………… 119

PART 1　講話

未来開拓への挑戦

PART1　講話　未来開拓への挑戦

Ⅰ　未来開拓を加速する大切なキーワード ……………………… 3

　1　未来開拓の三つの柱 ………………………………………… 4

　2　人・ロボット・情報の共生を実現する新領域
　　　「サイバニクス」 ………………………………………………… 7

　3　テクノピアサポートの時代 ……………………………………13

　4　テクノロジーが社会変革へとつながるために
　　　（こうしてテクノロジーは社会で生きていく） ………………15

Ⅱ　科学少年の軌跡 …………………………………………………19

　1　『I, ROBOT（われはロボット）』との出会い ………………20

　2　模倣から創造へ …………………………………………………25

　3　科学実験の楽しみ ………………………………………………28

　4　学校生活で大切なこと …………………………………………31

　5　すべての分野はつながっている
　　　（理系も文系もすべてが大切） ………………………………33

Ⅲ　理想を実現するための道のり …………………………………37

　1　研究成果の社会実装 ……………………………………………38

　2　人育ての柱となるもの …………………………………………40

　3　革新的サイバニックシステムとしての「HAL」 ……………42

　4　あるべき姿の未来を描く ………………………………………45

　5　天皇皇后両陛下をお迎えする …………………………………48

　6　国際規格をつくる ………………………………………………51

Ⅳ　専門分野の越境 …………………………………………………55

　1　テクノロジーの進化が新たに概念の拡張をつくっていく
　　　（テクノロジーの進化が新たな概念を構成する） ……………56

　2　キカイダーとハカイダー ………………………………………58

　3　テクノロジーで哲学も進化する ………………………………61

　4　神経難病分野での医療用HAL …………………………………64

　5　欧州から始まった世界展開 ……………………………………68

　6　テクノロジーは人や社会のためにある ………………………70

Ⅴ　テクノピアサポートの時代を生きる …………………………77

I

未来開拓を加速する大切なキーワード

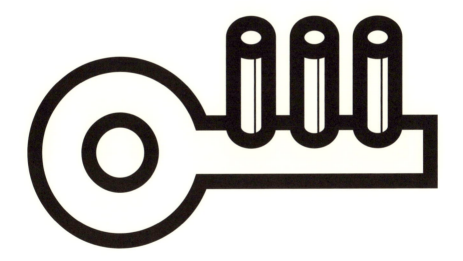

1　未来開拓の三つの柱

　はじめまして。筑波大学教授、サイバーダイン（CYBERDYNE）社長、内閣府革新的研究開発推進プログラム（ImPACT[*1-1]）のプログラムマネージャーの山海です。本書では、これから、私が推進している「サイバニクスを駆使した未来開拓への挑戦」についてお話ししたいと思います。

　人類は、大きな社会変遷を繰り返してきました。狩猟採集社会、農耕社会、工業社会を経て、現在、私たちは情報社会に暮らしています[*1-2]。こういった社会変遷に伴って、寿命も延びていき、社会生活を地球規模で考える時代となっています。すでに始まっていますが、先進諸国だけではなく、多くの国が少子高齢という社会の問題に直面します。これは、みなさん自身の未来の話なのです。

　このような社会課題を解決していくこと、それは未来をどのようにつくり上げていくかということに直結します。つまり、私たちの未来をどうつくっていくか、ということがとても大切だと思っています。もちろん私も頑張ってやっていますが、実は次の未来をつくるのはみなさん方自身なんです。今日は、その思いも込めて、

［*1-1］：ImPACT　Impulsing Paradigm Change through Disruptive Technologies Programの略。内閣府総合科学技術・イノベーション会議が企画立案した「革新的研究開発推進プログラム」。実現すれば産業や社会のあり方に大きな変革をもたらす革新的な科学技術イノベーションの創出を目指し、ハイリスク・ハイインパクトな挑戦的研究開発を推進することを目的として創設されたプログラム。

［*1-2］：狩猟採集社会、農耕社会、工業社会を経て、現在、私たちは情報社会に暮らしています。狩猟採集社会（Society1.0）、農耕社会（Society2.0）、工業社会（Society3.0）を経て、現在、私たちは情報社会（Society4.0）に暮らしている。Society4.0に次ぐ社会をSociety5.0（超スマート社会：人とテクノロジーの共生する未来社会）という（図1）。

図1 人類社会のうつりかわり

話をしたいと思います。

　開拓したり研究したりする際、「夢」という言葉は大切なキーワードです。もうひとつ、「情熱」という言葉も大切なキーワードでしょう。ただ、私はそれと同じくらい重要、いえ、それ以上に重要なことは「人を思いやる心」だと思っています。どうしてそれが重要かというと、例えば学会で研究活動をしていく場合でも、ほかの人が何を研究しているか、というところばかり気にして、研究のトレンドを追いかけながら歩んでいくようなことをやっていたのでは、未開の領域を開拓することはできず、いつまで経っても発想自体が「追従型」から抜け出せず、何のために活動しているのかさえ良くわからないまま、トレンドが変わればまた研究テーマを変えていくというようなことを繰り返すだけになってしまうからです。重要なことは、人や社会のために、自ら何をなすべきかを発想し、行動し、牽引することだと思います。人や社会のために、自ら何をなすべきか

を発想できる能力というのは、知識を身につければ備わるというものではないかもしれません。未来を開拓する人材には、日常的に人や社会のことを思い、敏感に諸課題を認知し、どうすれば良いかを発想し、実現に向けて行動することのできる、そのような能力をもった人間「未来開拓型人材」であって欲しいと思っています。そして、こういうことが日常的にできるためには、人間としての根本が大切です。つまり、人間観、社会観、倫理観を基礎として、ここに知識や知恵が加わることで、重要な役割が担えるのだと思っています。これは、みなさんへのメッセージでもあり、学校の先生方へのメッセージでもあります。

　まずは、このようなお話をさせてもらい、これから、私の科学者や経営者や教育者としての側面から、実例を交えながら話を進めていきたいと思います。本書のPART1の題目となっている「未来開拓への挑戦」という言葉の中の、「挑戦／チャレンジ」というキーワードを、みなさんよく覚えておいてくださいね。この「チャレンジ」という言葉はいいなぁと思うのです。成功するか失敗するかを議論するのではなく、何かに「挑戦すること」、「チャレンジすること」そのものに価値があるのだと私は思っています。ですから、みなさんもこれからいろんな人生を歩むと思いますが、ぜひ「挑戦」、「チャレンジ」、そういったマインドをもって頑張ってもらいたいと思います。

　それではこれから、このような話を共通基盤として、私がいま進めている世界初のサイボーグ型ロボット「HAL」というものを中心に話をしたいと思います。これは、新しい学術領域「サイバニクス（人・ロボット・情報系の融合複合）」の革新技術を駆使して研究開

発されたものです。HALのほかにもさまざまな革新的サイバニックシステムがありますので、いくつか触れてみようと思います。

また、社会が直面する課題を解決しながら、解決する方法そのものを新しい産業にして、また次の時代をつくっていく。そして、それを開拓していく人を育てる。これらを同時に展開していくための三つの柱があります。「課題解決」と「新産業創出」と「人材育成」。これらを大切な柱にしながら、話を進めていこうと考えています。

人・ロボット・情報の共生を実現する新領域「サイバニクス」

まずは、「サイバニクス」について、触れてみましょう。「サイバニクス」という分野は、脳・神経科学、行動科学、ロボット工学、情報技術（IT）、人工知能、システム統合技術、生理学、心理学、哲学、倫理、法学、経営などの異分野を融合複合した新学術領域です。この「サイバニクス」を駆使してさまざまな革新的サイバニックシステム（サイバニックインターフェース／サイバニックデバイスで構成されている）が研究開発されていますが、人間の脳神経系の信号

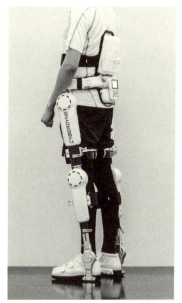

写真1　HAL 医療用下肢タイプ

I　未来開拓を加速する大切なキーワード

写真2　HAL 腰タイプ介護支援用

で機能する世界初のサイボーグ型ロボット「HAL」も、「サイバニクス」の研究成果の一つです。

　写真1はHAL医療用下肢タイプです。運動機能に障がいのある方が、HALを使いながら脳神経系の機能改善・機能再生を促進していくという目的として開発されました。欧州では2013年8月に、世界初のロボット治療機器として認証を取得し、日本でも、2015年11月に医療機器として許認可を取得したところです。進行性の神経筋難病疾患を対象として、「治験[*1-3]」という公的に義務づけられている臨床評価を経て、医療機器として承認を受け、医療保険で治療処置を行うことになります[*1-4]。

＊1-3：治験　医薬品や医療機器の製造販売について、医薬品医療機器等法上の承認を得るために行われる臨床試験のこと。
＊1-4：参考　2016年9月から保険適用による治療が始まっている。また、2017年12月に米国でも治療効果のある医療機器としての承認を受けた。

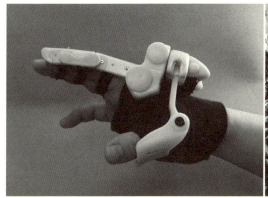 

写真3　手・指先用HAL　　　　　写真4　HAL 災害対策用

　写真2は、介護を支援する人たちが使うHAL腰タイプ介護支援用です。腰に着けるだけで腰が支えられ、重いものを持ち上げられるものとなっています。
　ひじ、ひざの関節など、特定の部分だけに取り付けて使う単関節タイプもあります。このバージョンもさらに改良が進んで、今は缶詰くらいのサイズとなり、3つの大学病院にて試験を行っています。
　写真3は、手に着けるHALです。にぎにぎ動作をするものです。
　写真4は、HAL災害対策用です。みなさんご存じのように、2011年3月の東日本大震災で原子力発電所が事故によって、大変なことになりました。これは、放射線による被爆から身を守るため、重いプロテクションジャケットを着けて作業しなければならなかった作業員の方の安全を確保しながら、動きをサポートするHALです。
　写真5は、マスター・スレーブ型インタラクティブHALという少し変わったHALです。2体のHALのうち、1体をお医者さんが身に着けて、そして、もう片方のHALを患者さんが着けます。HALを

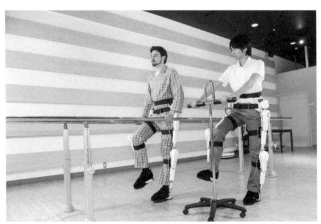

写真5　インタラクティブHAL

装着したお医者さんが身体を動かすと、もう一方のHALを着けた患者さんの身体が動かされる、というものです。病気などで患者さんの身体の動きが悪いと、その動きにくさが、今度はお医者さんに伝わるという、歴史上初めて相手の身体状態を感じることができる革新技術です。障がいのある人側はロボットによって動かされていますが、その方の身体の動きが悪いとその部分がお医者さんに伝わります。つまり、動かない場所がわかるということでもあるのです。そういえば、昔、小学校の先生が「相手の立場に立って考えなさい」とよく言っていましたが、やっとこの時代になって相手のことがわかる技術として仕上がりました。ここまでとても長い時間がかかりました。

　写真6は、脳の活動だけで何かを制御することができるヘッドマウント型のブレインインターフェース（BI）です。照明などの電気をON／OFFする、テレビのチャンネルを変える、ナースコールなどのように人を呼ぶ、コンピュータで文字の入力をする、そういう

写真6　ブレインインターフェース（BI）

用途で利用可能なものです。

　これをつけると、赤い色に光るところは脳の活動が活発な部分、青い色に光るところは活発ではない部分ということがわかります。私の身近なところで利用するとしますと、授業でこれを使えば、学生さんの脳の状態が一目瞭然となるかもしれませんが、実際はこれを身体の末梢から信号を取得するタイプのサイバニックインターフェースとして仕上げ、寝たきり、あるいは若くても身体が動かなくなってしまう非常に難しい病気の方に使ってもらえる技術にしたいと思っています（図2）。

　次にご紹介するのは、手のひらサイズの心電・動脈硬化計などのバイタルセンシングシステムです。すでに病院では、大きなサイズ

Ⅰ　未来開拓を加速する大切なキーワード

図2　サイバニックインターフェースで人と環境がつながる

の医療機器として用いられていますが、計測する原理を新しく発想することで、手のひらサイズになりました。ここまでくると、通信でデータ集積・解析できるので、病院、家庭、職場のどこからでも身体の状態を見守ることができるでしょう。**写真7**は、さらに進化させたもので開発中のバイタルセンサーです。例えば、みなさんの知っている心電図は、服を脱いで、身体にセンサーをぺたぺたと貼って測る方法ですが、ここに示すものは、ワイシャツなど服の上から心電図を計測することに成功したものです。もう服を脱がなくていいわけです。すごいですね。

　このように、さまざまな革新的サイバニックシステムを研究開発しており、これらすべては、あるべき姿の未来に必要となる技術として準備しています。これらにより、病気を予防したり、早期発見したりできるでしょうし、脳神経系や身体の機能が低下しても機能改善・機能再生という治療を行うことができるでしょうし、寝たき

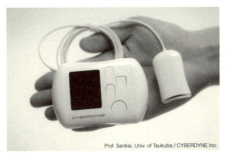

写真7 バイタルセンサー

りになっても自立度を高めることができるでしょう。ほかにも移動支援、排泄支援、介護支援、見守り支援に関するサイバニクス技術の研究開発を推進し、人やロボットなどが支えあう未来を描きながら、「サイバニクス」という革新的なテクノロジーで未来をつくるチャレンジをしています。

3 テクノピアサポートの時代

　さて、さらにみなさんに向けたメッセージがあります。
　まず、「ピア・サポート」です。「ピア・サポート」とは、「仲間支援」という意味です。学校でも職場でも、どこでも、仲間がお互いに支援しあうことはとても重要なことです。また、私たちの社会はテクノロジーなしには成り立たない時代になっています。このテクノロジーも、新しい機能がどんどん研究開発されてきて、ロボット技術も含めて次の時代へ移ろうとしています。その中で、この2つの言葉を合わせて、「テクノピアサポート」という言葉を考えました。人とテクノロジーが相互に支援し合う時代、そういった未来を考え

I 未来開拓を加速する大切なキーワード

図3 テクノピアサポート

ていきたいと思っています。図3の絵、なんとなくかわいらしいでしょう？ こういう未来が来るといい感じですよね。私は将来がこうであればいいなと思っています。

　ここにいる若いみなさんも、ざっくり言えば、今のままの状況では、熟年期から老年期にかけて3割くらいの人が脳や心臓に血栓という血液の塊が詰まって、脳梗塞[*1-5]や心筋梗塞になると言われています。脳梗塞では、多くは身体に麻痺が出たりします。そうならないためには予防が重要です。予防のためには、日々の健康管理が重要です。脳梗塞の最大のリスクファクターは、不整脈[*1-6]と動脈硬化[*1-7]ですが、さらに言えば、血液の濃さ・脱水症状だったりし

---

*1-5：梗塞　血管が詰まったり細くなったりして血流が悪くなり、身体の組織が死んでしまうこと。脳の血管だと脳梗塞、心臓の血管だと心筋梗塞。
*1-6：不整脈　心臓の刺激電動系に異常が出て、脈が速くなったり遅くなったり、不規則になったりなど、脈が乱れる状態。
*1-7：動脈硬化　動脈が年齢とともに老化し、弾力性が失われて硬くなったり、さまざまな物質が沈着して血管が狭くなり、血液の流れが滞る状態。

ます。そこで、不整脈と動脈硬化の両方を日常的に簡便に捉える革新技術を創りました。これも、目的指向であるべき姿の未来からバックキャストさせるアプローチをとり、自分の手元にある手法にこだわることなく、目的を実現するための方法を発想して技術を創り出すことで達成したものです。こういった研究は国際学会からもいくつか賞を頂戴することになり、基礎研究と実際の研究開発の両方が進化発展し、人や社会に役立つ革新技術として生み出されたことをうれしく思います。

　こういったことを受け、病気になったり、身体を動かすことが難しい状態になったりしたら、こうしたテクノロジーでどうにかしようということもあるでしょうが、そうは言っても、そういう状況にならないように予防することや早期発見することが大切です。そのためには、健康というものを自分たち自身で、きちんと築き上げていくような知識を身につけることも大切です。

4　テクノロジーが社会変革へとつながるために（こうしてテクノロジーは社会で生きていく）

　写真8は、首相官邸における関係閣僚の方々へのレクチャーの一場面です。当時は、小泉首相や安倍首相や麻生首相など、いろいろな政治家の方々のところに何度も出向き、あるべき姿の未来を実現するためのテクノロジーや取り組みに関する資料をお見せしながら、日本の未来をどのようにつくり上げていくかについて、サイバニクスの観点から語ってきました。こうした動きを通して、日本の

Ⅰ　未来開拓を加速する大切なキーワード

写真8　首相官邸にて　　　　　　　　　　　　　写真撮影：内閣府

　産業推進に対して、ロボット革命の実現や医療イノベーションを中心として、「イノベーション」を柱にすえていこうという流れがまとまってきました。そういった流れの中で、日本版NIH*1-8という組織を立ち上げようということになり、実際には新しい発想で、2015年4月、「日本医療研究開発機構（AMED）*1-9」が設立されました。これは、がんや認知症や難病などに対して、臨床的な出口を明確にしながら、医薬品や再生医療や医療機器の分野で、基礎から臨床技術の実用化までを一貫して推進していく機関です。このように大きな変革が始まり、私もびっくりしました。いろいろ語っていても、なかなか社会は変わらないと思っていましたが、私だけではなくほかの有識者の意見も含め、実際に示し大切な思いを熱く伝え

＊1-8：NIH　　National Institutes of Health：アメリカ国立衛生研究所の略。
＊1-9：AMED　　Japan Agency for Medical Research and Developmentの略。

1 講話　未来開拓への挑戦

ることで、社会は変わってくるんだとわかってきました。みなさんも真に必要を感じたならば、まずはしっかりと発信できる人になってくださいね。そのために必要となる相応の力を身につけることも重要です。

　ところで、未来開拓への挑戦の三つの柱の一つである「課題解決」とは、社会が直面する課題ということですが、この課題の中には「少子」という問題も入っており、課題解決という意味では、高齢化とセットで考えていけばいいと思います。これを進めていこうとすると、物事の研究開発の段階において、きちんと社会の中で受け入れてもらえるために必要な、各種の許認可を取得していくプロセスが必要になります。しかし、許認可を取得しようとしても、社会にはまだその許認可を行うためのガイドラインやルールがありません。その結果、革新的なものを創ると、まずはガイドラインやルールづくりからはじめることになります。さらに、ルールづくりを進めていくと、その社会の責任制度の一つとして、例えば、保険制度の問題にまで進んでいきます。もっと進むと、テクノロジーをどのように使うかということになり、倫理的な側面も出てきます。また、研究開発をしていくプロセスそのものにも倫理的な側面が出てきて、研究開発倫理、あるいは生命倫理、こういったものも、越えていくべきもののひとつになってきます。そうすると、理系文系は関係なく全部の分野の知識が必要になります。なぜかと言いますと、相手が社会ですから、限られた分野のことだけでは済まなくなるのです。本当に、社会が直面する課題を解決していこうとしたら、さまざまな異分野の難しい課題を越えていくことになるのです。

　みなさんがこれから生きていくのは、この社会ですから、理系文

17

系なんてとても小さな話で、それよりも、全体を大きな観点から捉えて進めていくことが必要となります。中学生・高校生は特に、幅広い視点から全領域を重要なものとして取り組んでいく時期だと思いますので、そういったことをしっかり身につけていって欲しいと思います。さらに後で触れますが、基礎をしっかり身につけておくと、柔軟に対応できます。例えば、私が理科系で進路を進めていたにも関わらず、今はこのような社会的な話から、倫理的な話までをどんどん進めていけるのは、きちんと文章を読み、文章を書き、考えをしっかりと語ることができるからです。いろいろな意味で、さまざまなことに柔軟に対応できるような基本的な力をつけておくことが、とても重要だと思っています。

　明治以降、日本は、「追いつき追い越せ型」の人材育成をしてきました。ちょんまげを結っていた時代からものすごいスピードで近代化の道を歩んできました。近代化の中で、難しい課題も抱えてきたことでしょう。また、新たな課題も現れはじめています。世界がちょっとしたことで激しく影響を受ける時代となりました。これからのみなさんは、自分たちの生きていく未来、次の世代へバトンタッチしていく未来までも見据えて、未来開拓をしっかり進めていって欲しいと考えています。そして、そのためにはどうしたらいいか、ということを次にお話ししたいと思います。

II

科学少年の軌跡

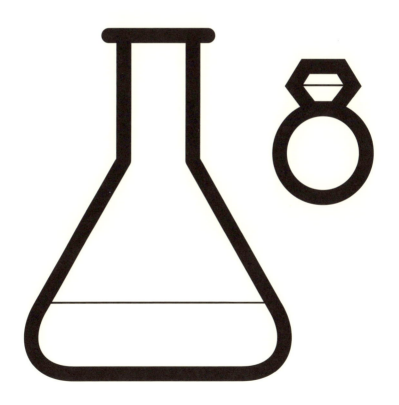

『I, ROBOT（われはロボット）』との出会い

　写真9は、私が小学校3年生の頃、風邪で寝ていたときに母親が20冊くらい本を買ってきてくれた中の一冊です。H.G.ウェルズの『月世界探検』などいろいろありましたが、その中の、アイザック・アシモフという人が書いた『I, ROBOT(われはロボット)』という本を読みながら、「将来、大きくなったらロボットをつくる科学者・博士もいいなぁ」と思いました。アイザック・アシモフは有名なSF作家ですが、博士号をもった科学者でもあります。パッとめくると「ロボット三原則*2-1」と書いてあります。この原則を中心に書かれたSFなんて無かった頃の、これがその最初の本です。この「ロボット三原則」は今でもロボット学会で議論される、そういう三原則です。その第一条には、「ロボットは人間に危害を加えてはならない」と書いてあります。当たり前のことです。しかし、この当たり前のことをきちんと理解し進めていこうとすると、そこにはどういうロボットが必要か、という課題が出てきますし、社会に対してどういうルールづくりが必要かという課題も見えてきます。そういったことを、この短編集は示唆してくれたのかもしれません。序章は、私にとってとても興味深い箇所で、最も強烈で印象的なものでした。

---

*2-1：ロボット三原則（ロボット工学の三原則）
　第一条　ロボットは人間に危害を加えてはならない。
　　　　　また、その危険を看過することによって、人間に危害を及ぼしてはならない。
　第二条　ロボットは人間にあたえられた命令に服従しなければならない。
　　　　　ただし、あたえられた命令が第一条に反する場合は、この限りではない。
　第三条　ロボットは、前掲第一条および第二条に反するおそれのないかぎり、自己をまもらなければならない。

写真9　『I, ROBOT』(2015年、訳者の小尾芙佐様にサインをしてもらった)

それは、こんな内容でした。あるジャーナリストが、高齢の研究者であり会社の経営者でもある女性のところを訪れます。そして、彼女から、これまで彼女が関わって推進してきた過去のロボットの開拓の歴史について、トピックス的に話を聞くという設定で進みます。そのSF物語の主人公は、2003年にコロンビア大学を卒業し、2008年に大学院を修了したということになっています。私はそのとき小学校3年生の子どもでしたから、どうせSFだから、適当な架空の大学の名前ではないかと思っていました。後に、コロンビア大学はアメリカにあるとても有名な大学で、著者であるアイザック・アシモフの出身大学だとわかりました。本の主人公はコロンビア大学を2003年に卒業し、2008年に博士号を取得したあと、週に何台かのロボットをつくる小さなロボットの会社、今風に言えば

「ロボットベンチャー企業」に就職します。彼女こそが、その会社を人類史上稀有な発展を遂げる企業に成長させていく中心人物なのです。

　その時の私の年齢からみると、その2008年というのは40年以上も先です。そんな未来のことは想像もできなかったので、「そんなものかな……」くらいに考えていました。

　ところが何年か前に2008年が本当にやって来て、その2008年に立っている自分がいました。びっくりしたのは、ロボットを研究開発する研究者・科学者として、また人工臓器を研究開発する研究者・科学者として歩んできた自分に対して、「なんと！まさにこういう未来に立っている自分がいるんだ」と思ったことです。その時にもうひとつ思ったことは、「なんとまぁ、小学生のときの"夢"や"熱い思い"を心に温めながら生きてきたら、それがちゃんと結実するんだなぁ」、というようなことでした。こういう未来を実現してみたい、人に喜んでもらいたい、社会のために役立ちたい、ワクワクしながら挑戦してみたい、そんな思いでひたすら走ってきて、いろいろな新しい技術を創り出してきたのです。大学教授・科学者になり、研究開発型の企業を設立して経営者にもなり、大学のサイバニクス研究センターを設立してセンター長にもなって、さらに未来開拓に挑戦し続けているんだなぁと、こんな思いにふけっていたわけです。

　『I, ROBOT（われはロボット）』は、私の人生の羅針盤のようなものだったかもしれません。もし日本語に翻訳されていなかったら、辞書があっても小学生には読むことができません。実は、約50年の歳月を経て、この本の訳者である小尾芙佐さんにお会いすることに

1　講話　未来開拓への挑戦

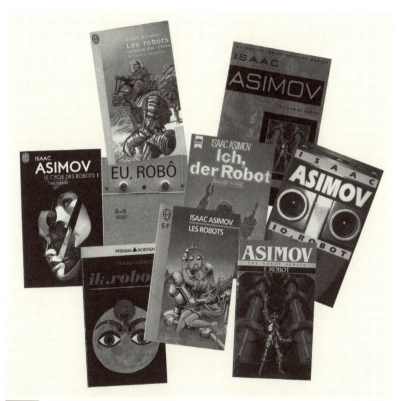

写真10　各国語訳された『I, ROBOT』

なるのです。小尾さんは、今は亡きアイザック・アシモフ博士と翻訳の打ち合わせをしていたときの一枚の白黒写真を見せてくれました。私を科学者の道へと誘（いざな）ってくれた本との出会い、それを翻訳された方との出会い。これが原点だった。不思議な胸の高鳴りを覚えながら、これから先の人生をさらに力強く生きていこうと思った瞬間でした。

　写真10は、私の趣味です。『I, ROBOT』が何冊もあります。これらは何かと言いますと、すべて同じ本ですが書かれている言語が違

23

います。フランス語、ドイツ語、そしてイタリア語などです。フランス語の表紙（写真10の下段中央）がいいですよね、なんだか温かい感じですね。『I, ROBOT』は、今では世界中で翻訳されていて、さまざまな国で読まれています。海外に出張するたび、時間が許せば本屋さんを覗いて『I, ROBOT』を購入してきました。

　当時のことをもう少しお話しします。小学校3年生の次の年に、テレビで石ノ森章太郎さんの原作SFアニメ「サイボーグ009」が始まりました。それを見て、「あ、サイボーグもいいなぁ」と思いました。

　実は、初期の頃の私の研究分野は、ロボットと人工臓器です。人工心臓や人工腎臓などの人工臓器の研究もしてきました。人工臓器を研究していて、特に難しいことがありました。何かと言いますと、どんなにその人のことを思って創ったテクノロジーであっても、ひとたび人間の皮膚の中に入れて血液に触れてしまうと、このテクノロジーを身体の生体防御システムが拒絶していく、ということです。だからテクノロジーをどう創りだしていくか、というよりも、身体の拒絶反応をどう押さえていくかという、その入り口で困ることになります。その意味で非常に難しい技術分野でした。しかし、私の研究開発したロボットスーツHALはとてもおもしろい技術で、人とテクノロジーの距離をギューッと身体に近づけて、皮膚に密着するところを境界線にしています。だからテクノロジーとの親和性はとても高くなります。これが無理のない人とロボットとの一番近い関係だと考えています。

2 模倣から創造へ

　小学校5年生から6年生になったときの文集に『ゆめ』と題して、「ぼくは大きくなったら科学者になろうと思う」と書きました(**写真11**)。

　その文集の中の「自分の研究所でロボットを、よりすぐれた物にしようと思う」という一節にあるように、2004年にサイバーダインというロボットを研究開発する会社を設立し、2009年には、大学にサイバニクス研究センターを設立しました。

　そしてその『ゆめ』では、ロボットについて書いています。一般的にロボットには2種類あり、そのひとつは、鉄腕アトムのように、自分で考えて動く「自律型」のロボット。もうひとつは、鉄人28号

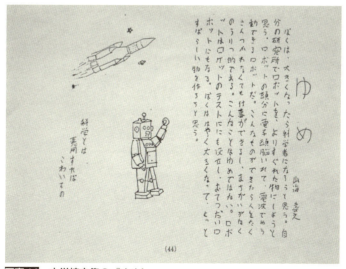

写真11 小学校文集の『ゆめ』

のような、人によって操縦されるロボットで、人間の意思に従って動く「随意型」のロボットです。小学生だった私の文集には、「ロボットの頭分に電子頭脳いれて、電波でゆう導できるロボットだ」（原文ママ）と書いています。ロボットには、電子頭脳で自律的に動く「知能型」のものと人の意思で動かされる「誘導型」のものとがあって、そういうものをつくり、仕事の支援がしたいと書いているわけですね。こういった二つの制御の方式は、言いかえると「自律制御」と「随意制御」ということになります。実は、これはHALの基本原理にも通ずるものです。

　また、『ゆめ』という題目なのに、本文では「こんなことはゆめではない」と書いているのは、なんだか自己矛盾していますね。でも、それはきっと、夢を夢で終わらせたくないという、強い思いを書いているのだと考えれば、子どもであった自分がかわいらしく思えたりしますね（笑）。

　そして最後に、「科学とは　悪用すれば　こわいもの」と書いています。これは何かと言いますと、科学者倫理、研究者倫理について語っているのです。つまり、どのように使うかによって、ひとつのテクノロジーがいい方向に使われたり、あるいは悪い方向に使われたり、どのようにでもなるということです。こういった科学者倫理、研究者倫理にも触れているということで、子どもにしてはなかなかいいタッチのサイエンティストだな、といまさらながらに思います（笑）。

　さらに、小学校のときの私は、家に帰ると、とにかく何かの実験をしたくて仕方がありませんでした。部屋には、フラスコなどいろんなものがありました。サッカー少年や野球少年は、「真っ黒に日

焼けして元気ですねぇ……」とほめられたりしますが、家に帰って理科の教科書と同じような実験ばかりしていると、さわやか系の少年のような雰囲気では捉えられないかもしれないですね。学校でもやっている理科の教科書にあるようなものは、全部実験しています。自分が本屋さんで買ってきた電子回路の本を見ながらラジオや無線機を作ったりしましたが、最初は見よう見まねです。ところが、当時は本が出るスピードと社会が進化していくスピードとでは、社会のほうが早かったので、お店に部品を買いに行ってもすでに売っていないものもあるのです。だから、お店のおじさんから「この部品はもう無いねぇ」と言われ、「じゃあどうしたらいいですか？」と聞くと、「うーんわからない。でも、これ使ったらいけるんじゃないかなぁ」と言って部品を見せてくれますが、型番が違います。お小遣いを貯めて買っていますから、型番が違うとドキドキものなのですが、とりあえず試してみると「動く」わけです。

　これでわかったことは、原理が合っていれば動く、ということです。性能は確かに少し違いますが、動きます。こうして、原理が重要だということを痛感することになります。その結果、原理と原理を組み合わせることで、今度は自分でいろいろ試していくようになりました。そうすると、「模倣という世界から、原理の組み合わせで創造」という世界に入っていきます。これは結構楽しかったです。

　よく学校の理科の先生をつかまえて、いろいろと「先生、これどうでしょうか？」と問いかけると、最初はいろいろ教えてくれていたのが、途中から「うーん」と言われはじめたりするときに、なんとなくうれしかったものです。

3 科学実験の楽しみ

　私は、両親におもちゃを買ってもらったことは無いのですが、母親にお願いをして、顕微鏡やフラスコなど、いろいろな実験道具を買ってもらっていました。さらに、岡山出身の私は、母親に頼んで、岡山大学の電気工学を専門にする学生さんと、化学を専門にする学生さんを家庭教師に雇ってもらいました。2人の家庭教師は、それぞれが週1回、1時間くらいずつ来てくれていました。興味をもっていることをいろいろと質問することができる先生です。

　当時、中学校のときに『レーザーの基礎と実験』[*2-2]という本が出版されて、それをすぐに買いましたが、確か最初のページには、「$E=h\nu$」と書いてありました。h は、プランク定数と書いてあり、「プランク定数……ってなんだ」と思うわけです。そこで、その家庭教師のお兄さんたちに「これ何でしょうか？」と質問しますが、質問を2回くらいすると、「う〜ん、よくわからないな」と、すぐに回答に詰まってしまいました。それで、「なるほど、大学生はこの程度か」って思ったわけです。実は、このことはとても良かったと思います。きれいに答えられていたとしたら「はぁ、とことん勉強しなきゃいけないな」と思いますが、1ページ目の内容をちょっと聞いてすぐ詰まった瞬間に「難しいことは、大学生のお兄さんでも難しいんだ。大学生でこの程度の理解でいいのなら、僕でもどんどんできるな」と思い、今度はお兄さんたちを頼らずに、黙々とや

[*2-2]：『レーザーの基礎と実験』、松平維石 著、共立出版、1972年。

る癖がつきました。今、大学教授として大学生に授業をしていますが、大学4年生といえどもたいしたことありません。カタログ的な言葉を語れるようになったという程度です。つまり、自分から率先して勉強していった人にはかなわないということです。みなさんも、興味があることは自分でとことんやっていくのがいいと思います。

　当時の私は、エレクトロニクスもやりますし、ロケットのこともやりますし、生物観察や化学実験も楽しんでいました。スーパーヒーローの持ち物といえば、小型無線機のほかに、レーザーポインタにも使われているレーザービームでしょう。そこで、レーザーの本を読んで勉強してつくろうと思うと、本には炭酸ガスレーザーや、アルゴンレーザーと書いてはありますが、「アルゴン……、どこに売っているんだろう？」となります。不活性ガスのアルゴン（希少ガス）のことが書かれていても、入手方法が全くわからない。そう、この程度の知識を入れても実際に何かを使用するためには意味がないわけです。

　炭酸ガスなら何とか手に入りそうだから、これを入れてレーザーをつくろうかとも思いましたが、いろいろと悩ましい。パラパラめくっていくと、ルビーレーザーというものを見つけました。「やった！ルビーレーザー！これなら何とかなるかもしれない」と思いました。どうして何とかなると思います？　答えは、母親の宝石箱の中です。そこで母親の宝石箱をガサガサ探していると、母に見つかりまして叱られました。これであきらめる私ではないので、また探した……というわけではありません。今度は「ルビーってなんだろう……」と調べます。すると、その99％くらいが酸化アルミニウムだということがわかります。「なんだ、安物じゃないか！」

と思い、今度はアルミを酸化させて粉をいっぱい作ります。そして、レンガで炉を造って、バーナーでアルミを溶かしながら、1週間、2週間、1ヶ月でも2ヶ月でも続け、アルミの煮物ばっかりを作りました。ルビーを作れると思って。それでも結晶ができません。当たり前です。どうしても、動いてしまうレベルだと対流してしまいます。もっと、じーっと動かさずにしておく必要がありました。そのため、振動しないよう、私の畳の部屋に置いてある、自分の勉強机の隅の方に別の実験台を作りました。さすがに火を使うものだけは外へ出て実験をしました。調べていくうちに、ルビーを結晶化させることも難しく、また、ルビーとして仕上げるためには複雑な生成過程が重要だということもわかってきました。

　結局、このような怪しげな環境ではルビーはできないわけですが、ひとつわかったことは、物事を進めていくときに、突き詰めていくと意外に原理のところで単純だったりするということです。そうすると、自分で何とかできるかもしれないと、実験をすることになります。そして、単純な原理とは裏腹に、実際の世界では非常に難しい物理化学や、まだわかっていないことが多々あるということもわかってくるのです。人間も、大自然も、宇宙も、わかっていることとわかっていないことがたくさんあっておもしろい。それでも、地球に存在していなかった新しいものを創り出す、クリエーションすることができる。探求と創造の両方をキャッチボールしながらテクノロジーは進化していくんですね。

　こういうタッチで歩んできましたから、もし離れ小島に行って苦しいときがあるかもしれないと思ったときには、私を連れて行くといいと思います。ほとんどその辺の現場にある何かで何かをやって

しまいますから（笑）。

4 学校生活で大切なこと

　こういう生活をしていたので、物事を勉強したり創り出すって楽しいなと思っていました。その表層的な知識を身につけるのもいいですが、どうしたら自分がそれを創り出せるだろうと考えるところから、自分で創り出すところまで具体化していくとすごいわけです。そこまでできるようになったら、何かあったら、彼に頼めばいいということで、ひっぱりだこですね。

　高校生のみなさんは「こんな知識を今知ったとしても日常では役に立たない」と思われるかもしれませんが、今はまだ、なかなかそういう場が無いだけです。しかし、将来自分で研究開発や、あるいは何かを開拓しなければならなくなったときには、実は、これはとても意義あることになるのです。これは私のお勧めなのですが、原理的なところをしっかりやるということを、ぜひ心に留めておいてください。

　さて、私は、アイザック・アシモフの『I, ROBOT』を小学校3年生から読みはじめたと言いましたが、漢字ばかりで大変でした。次の年に子ども向けの本が出版され、こちらのほうは何とか読めて理解を深めましたが、それまではとにかく辞書を引きながら読み進めていました。やはり、文字は情報伝達手段として大切ですし、また、簡単な計算ができることもとても重要だと思います。

　例えば、ロケットに関していえば、自分でロケットの燃焼室を

31

つくって、閉じた燃焼室の中でそれが噴射したときの推進力などを計算したり、そのほか推進力や飛行距離の推定など、いろいろなことが推測できます。こういったことを、ぜひやってみるといいでしょう。

そして、広い意味での教養ということで、高校時代の教養は大切です。本当に人生を豊かにしてくれます。学問や、学術、そういったところも、基礎だと思って勉強してくださいね。意外に『万葉集』なども、今になって知っていて良かったと思うことがありますし、高校を卒業したらみなさんも教科書にあるような漢文そのものに出会うことはほとんど無いと思うかもしれませんが、実は生活の中にさまざまな形で生きていたりするものです。あの時代にやったことが何かの拍子に生きてくる。ぜひ、心の栄養として、勉強しておいてください。人としての基本を構成する大切な栄養です。

それから、中学・高校時代を含めて青春期の人間関係はとても大切です。以前、日本とスイスの文部科学省が連携して進めるプロジェクトの関係でスイスに行った際に、在スイス日本大使館の方と名刺交換しました。その瞬間に、その方が「あの、実は私の妻が先生と高校の同級生なんです」と言うわけです。「えっ、そうだったんですか」って言っているうちに、その方が「私自身も、先生の2年先輩なんですが……」って、「あああ、先輩でいらっしゃいますか」と、こういうふうに話が進むわけです。その後の話が和やかに進んだのは、言うまでもありません。

こういったご縁にまつわる話は、実は至るところにあったりしますので、みなさんも人とのつながりを大事にしてください。

5 すべての分野はつながっている
（理系も文系もすべてが大切）

　あるとき、理科の教科書で、ボルタの実験か何かで、カエルの筋肉に電気をピッと流して筋肉が動くというのを見ました。その瞬間に「あ、だったら僕が作った発信器でやってみよう」と思い、当時岡山城のすぐそばに住んでいた私は、すぐお城のお堀に行き、ウシガエルを捕まえました。先に言っておきますが、殺してはいません。カエルをくるくるくるとガムテープで固定して、うちの人に見つからないようにやってました。そしてカエルの筋肉に私の作った発信器の電極を付けて、横軸に周波数、縦軸に筋肉の収縮量、これをグラフにします。そうすると、どの周波数が最も筋肉が収縮しやすいかといったことが見えてきたりします。このようなことを「機能的電気刺激（FES[*2-3]）」といいます。例えば、みなさんの身近なところで使われている例としては、心臓のペースメーカーがあります。ペースメーカーというのは、実はこういう技術で創られています。筋肉（心筋）に電気刺激をポンポンと与えて、ペースをつくる（必要な心収縮を発生させる）わけです。私はのちにこれで、国際FES学会の設立メンバーになりました。設立時、書類にサインをしながら、「そういえば、この技術は小中学生のころにやっていたことなんだけど、最先端の技術領域になっているんだなぁ」と思ったりもしました。小中学生の取り組みをあなどってはいけませんね。

＊2-3：FES　Functional Electrical Stimulation の略。

そして、これでわかるのは、私がエレクトロニクスから物理実験や生物観察や化学実験に至るまでかなり幅広くやっていたことは、いわゆる「理科」という大きなくくりの分野であって、それらすべてを区別なく楽しみ学び、一つの塊として扱っていたということです。こういった視点はとても大切だと肌で感じていました。ところが高校に行けば物理、生物、化学などに分かれ、さらに大学や大学院に行くと、もっともっと細かく分かれます。つまり、今の日本や世界の学術の教育システムでは、勉強していけばいくほど細分化されることになります。そうすると、とことん突き詰めた専門家になった瞬間に、社会にあるさまざまな課題、複合的に絡んだ実際の問題が解けない人間に変わるという、このなんともいえない皮肉な感覚を味わうことになります。社会の課題というのは、あらゆる問題が入り込んだ複合課題です。それに対して、大学の研究はどんどん細分化され、どの専門分野にいったところで、その分野だけでは実際の社会課題を解決することができないわけです。そうすると、私たちはそういった状況を解決するために何かを考えなければいけないことになります。

　みなさんは「T型人間」を知っていますか。一般的な知識を広く身につけ（Tの横線）、そして、専門を一つもつ（Tの縦線）というものです。しかし社会の進歩が早いので「T」だけだと、それが消える場合があります。消えないまでも一つの専門分野では不十分でしょうね。だから、私が学生の頃には「π（パイ）型人間」が良いだろうといわれていました。二つくらいは大きな専門をもって進めていくということが大切だということですね。

　ただ、私の場合はそうではありませんでした。興味があるものを

次々と自分の専門にしていったので、血液が固まって小さな塊になったものを血栓といい、この血栓が脳や心臓の血管に詰まると脳梗塞や心筋梗塞の原因になるのですが、この血栓を検出し治療するための学会＊2-4の会長もやっておりましたし、ロボットの学会（日本ロボット学会）の役員もしていました。開拓が必要な領域は異分野であるかどうかは気にせず開拓しているわけです。基礎研究、実用化、国際規格、許認可、事業化を通して社会実装までやりぬくことを同時に展開しながら推進しています。あとで述べますが、私のこういう社会変革・産業変革につながる取り組みは、ハーバード大学のビジネススクール（HBS＊2-5）のケーススタディのテキストにもなり、授業や講演に出向いていくこともあります（**写真12**）。現在、コロンビア大学のビジネススクール（CBS＊2-6）、南カリフォルニア大学（USC＊2-7）のビジネススクールからも依頼され、MBA（経営学修士＊2-8）を取得しようとする大学院生も大勢私のところに勉強しにきています。

　理系・文系の垣根を越えて「あるべき姿の未来社会をつくり出す」という発想でさまざまな分野の専門家にもなって、未来開拓に挑戦しています。いろんなことをしていると、どれをするにしても、歴史的なことも含めて本がたくさん必要となりますが、ざっと勉強した後に業界の専門家とディスカッションを繰り返したり人に教えたりすることで、徐々にある程度の専門家になっていきます。あとは、

＊2-4：血栓を検出し治療するための学会。日本栓子検出と治療学会：Embolus学会。
＊2-5：HBS　Harvard Business Schoolの略。
＊2-6：CBS　Columbia Business Schoolの略。
＊2-7：USC　University of Southern Californiaの略。
＊2-8：経営学修士　MBA　Master of Business Administrationの略。

特定領域の未解決領域についてもその分野の専門家の先生と話をしたり、自分の特徴を入れ込んだりして、実際に越えていかなければならない課題を解決すべくさまざまな取り組みを行っていきます。気がついてみると、もともとは自分の専門でなかった分野でも、その分野の専門家にもなっているのです。解決すべきことに敏感に気づき、状況を認識し、学び、考え、行動する。こうしてすべてが血や肉になっていく。そのくらいの勢いで、そのときに必要なものをとことんやり抜いていけば、異分野が目の前に立ちはだかっても乗り越えていけると思います。その時に重要なことは、それぞれの分野の方々との一体感のある連携です。

写真12 ハーバード大学のビジネススクール（HBS）にて

III

理想を実現するための道のり

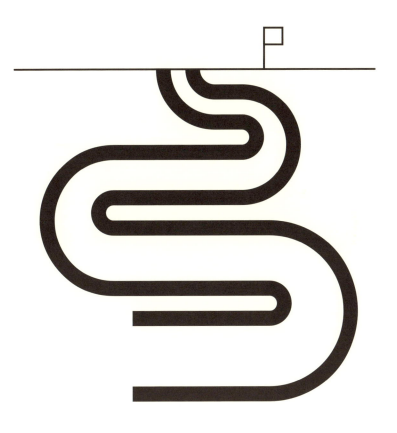

1 研究成果の社会実装

　私は人を支援することを主目的とした新領域を創り、これを「サイバニクス（Cybernics）」と名づけました。人間とロボットと情報系が融合複合した新しい学術の分野です。脳・神経科学、行動科学、ロボット工学、IT、人工知能、システム統合技術、生理学、心理学、哲学、倫理、法学、経営などで構成され、社会変革・産業変革につながるイノベーションを推進し、社会課題を解決しようとする新領域です。文部科学省から最も強化する教育研究プログラムとして認められ、2007年には、文部科学省グローバルCOEプログラム[*3-1]「サイバニクス国際教育研究拠点」が形成され、今では、新分野の開拓を推進していくこのプログラムの大学院で育った人材が活躍しはじめているんです。私は、この新しい学術分野「サイバニクス」を創り上げて、「人支援テクノロジー」というものを開拓しながら、これまで無かった分野を基礎研究、原理づくり、試作開発・検証、実証、国際標準化、臨床研究、公的臨床評価（治験）などを経て、一気通貫で社会実装にまでもっていくということを推進してきました。このようなことをどんどん進めていく過程を経ながら、異分野を上手に連携させたり新結合させたりする方法や、好循環のイノベーションを進める方法などを体系化した仕組みづくりも考えていきます。例えば、従来の産業用ロボットではなく、医療・福祉・

[*3-1]：文部科学省グローバルCOEプログラム　Global Center Of Excellence Programの略。大学院博士課程を対象に、国際的に卓越した教育研究拠点の形成を重点的に支援するプログラム。

生活の分野での活用を目的とした次世代型ロボットの社会実装に関しては、経済産業省のホームページに掲載されていますが、ロボットの安全検証を行うセンター（生活支援ロボット安全検証センター）なども、経済産業省が世界初のセンターとしてつくば地区につくってくれました。当然、そのような施設・センターの重要性や意義について、発信してきた背景があります。

　大学での研究を社会の中へ出していこうとすると、実は、そこには難しい問題がいっぱいあります。実際に研究成果を出そうとすることを考えてみましょう。もし目の前にマーケット（市場）というものがあってモノが売れていくのでしたら、大企業もすぐに乗ってきてくれます。しかし、実際にこれから社会にとって重要なことを進めるときには、まだそこにはマーケットがありません。そうすると、誰も手を出そうとしないのです。そこで、頑張って大学の中の研究室でつくって試そうとすると、倫理委員会（人を対象とする研究における被験者保護を目的として設置された組織）で審査を受けることになります。仲間内で少し試すくらいならできそうですが、本当に患者さんに適用して試験を行おうと考えて組織に相談すると、「そういう手づくりしたものを使って患者さんに試しちゃいけません」と言われます。そうすると、医療機器としてきちんと使える水準のものを一旦つくらない限り、試験もできず、将来的に社会に出せないということになります。また、医療機器にするためには、臨床的な研究というものを行う必要があります。臨床研究は、患者さん用です。患者さんに適用しようとすると、この機器はやはり医療機器水準にもっていかなければいけないということになります。

　欧州、日本、米国など医療先進諸国では、結局「にわとりが先か、

Ⅲ　理想を実現するための道のり

卵が先か」のようなところがあって、医療機器でないと臨床試験を
させてくれません。医療機器にするために臨床研究・臨床試験を行
う必要があるのに、臨床試験・臨床研究を行うには医療機器水準で
なければならないのです。このような悩ましいところを倫理委員会
というものを通して、特定のところだけで使えるようにもっていく
のですが、革新的なものの場合には、既存マーケットが動いていな
いので、大企業の協力はほぼ得られません。このように市場が無い
状態であっても、人や社会が必要とする医療技術を世に出すための
方法を考え、ハードルの高い許認可を必要とする医療・福祉・生活
分野でのイノベーションを推進する役割を担う組織としてサイバー
ダインという会社を創設し、医療機器水準の革新的サイバニックシ
ステムや革新的ロボットを創り出すことができるようにチャレンジ
してきました。そして、医療用HALなどの医療機器を研究開発し、
臨床研究・臨床評価や許認可の取得を推進し、医療機器を製造・販
売できるところまできました。こういったことを通して、基礎と実
際の間を上手につなぎながら新領域開拓を進めているわけです。

2　人育ての柱となるもの

　話を人育てのところに戻します。先に欧米諸国にフォローアップ
するための追いつき追い越せ型人材ではなく、「未来開拓型人材」
が重要だとお話ししました。「未来開拓型人材」とは、日常的に、
人や社会のために何をすべきかを自ら発想し、行動し、牽引する、
そういうことができる人。さらに人や社会のことを第一に考えて、

1　講話　未来開拓への挑戦

未来開拓を推進できる人です。この気持ちがあるかどうかで、学ぼうとする気持ち、開拓しようとする気持ちが人格を形成する背骨のように骨太に育ってくるので、ここをしっかりと、若いうちに身につけてくださいとお願いしたいと思います。このような人としての姿勢を形成する柱に、知識や知恵をまとっていく。これが大切。未来を開拓する人材として育っていくというのは、知識だけの問題ではないのです。これには、全人的人材育成が重要だと思っています。人間観、倫理観、社会観を柱にして、そこに知識や知恵をつけていかないと、単なる知識や知恵は役に立つものにならないと思っています。私はこのように考えて、先ほどお話ししましたサイバニクス国際教育研究拠点を形成し、筑波大学で1件しか選ばれていない教育・研究拠点形成プログラムのリーダーとして、手探りで開拓に挑戦できる人材の育成を進めてきました。

　サイバニクス領域での全人的人材育成では、工学（ロボット、人工知能、情報、ビッグデータ処理など）、医学（脳神経、生理、行動、細胞など）、心理学、社会科学、哲学思想、倫理、経営、法律といった分野が一緒になって、みなさんのような若い人たちを育成するわけです。例えば、ALS＊3-2の患者さんに、新規に開発したサイバニックインターフェースを適用するにはどうしたらいいのでしょうか、それを開発するにはどうしたらいいでしょうか、あるいは法的には何が必要でしょうか、といったことなどすべてを、サイバニクス国際教育研究拠点で議論します。そうすると、工学・医学・法学・感性・心理などの異分野の先生たちが、同じ場に一緒につど

＊3-2：ALS（筋萎縮性側索硬化症）　筋肉への伝達機能が徐々に失われ、歩行や会話や呼吸ができなくなる。認知能力は残り、本人はすべてを感じるが体を動かせない。

41

い、博士課程の学生も教授陣もお互いがお互いを鍛え育成し合うという仕掛けになっていきます。お金のかかる仕掛けですが、そのくらい手をかける価値はあると思っています。

　こういうことを行いながら、誰が一番育つかといいますと、実はこの先生方が一番育成されていきます。学生さんでなく先生方が、「あ、そうだったんですか！」と、結果的には先生方の勉強のためにやっているようになっていきました。

　「健康長寿社会を支える最先端人支援技術研究プログラム」は、国が2700億円という大きな予算を、たった30人の研究者に分配してくれるというプログラム（内閣府　最先端研究開発支援プログラム）です。宇宙から、バイオテクノロジーに及ぶ、すべての分野から選ばれた30人で、ロボットの分野では私だけです。iPS細胞を研究開発された京都大学の山中伸弥教授もこのプログラムに選ばれています。期間中に政権交代もあり、実際には、かなり減額されましたが（笑）。

③ 革新的サイバニックシステムとしての「HAL」

　まず、ロボットスーツHALの原理を先に述べておきます。人が身体を動かそうとすると、脳から「身体を動かしなさい」という信号が伝達されていきます。信号は、脳、脊髄、運動神経、筋肉と流れます。そしてこのロボットは、身体を動かそうとする脳からの指令が、脊髄、運動神経を経て筋肉に伝えられるときに皮膚表面に漏れ出してくる微弱な生体電位信号を検出し、装着する人の意思に

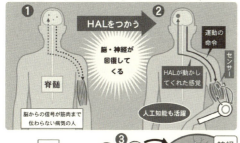

図4 サイボーグ型ロボット HAL のひみつ

従って動くという画期的なものです。人が身体を動かそうとすると、その信号をロボットが検出し、ロボットが人の意思に従って動く、ということですね(**図4**)。例えば、脳神経系の病気で身体が動きにくくなった患者さんを考えてみましょう。患者さんの身体にロボットが密着していますから、身体を動かそうとすると、動きにくい状態、あるいは動かない状態でも、意思と連動した生体電位信号が腕や脚の関節近辺で検出できれば、この超微弱なあるいは多少問題のある生体電位信号は最終的にロボットへ送られます。その信号はロボットの中で適切に整えられて、適切に処理された信号に基づいてモーターが動くことで、ロボットが装着している患者さんの身体を動かします。すると、動かそうとした意思と人間の身体に備わっている「動いた」という感覚神経の情報が、同期して脳の方へ戻っていきます。人とHALとの間で、クルクルと脳神経系の経路を活動させるループが動き、信号のループが出来上がっていきます。

Ⅲ　理想を実現するための道のり

これによって、神経と神経あるいは神経と筋肉をつなぐ結合（シナプス結合）が強化・調整され、脳や神経や筋肉に病気がある方の機能改善・機能再生ができると考えたわけです。これは仮説です。証明するには、いろいろとチャレンジしなければならない大きな仮説でした。そして、この仮説を証明しないといけないのですが、仮説を証明するためには、基礎研究（この仮説の原理を証明できる基礎システムの研究開発）、基礎原理の検証（試作システムでの臨床前の検証）、倫理委員会、医療機器水準の実証機の研究開発、臨床研究・臨床評価手順（プロトコル）、評価手法の開発、規制当局への申請、臨床評価などを経て、機能改善ができるかどうかを確かめなければいけません。確かめた後に今度は、業界全体に対して臨床的意義・臨床的効果効能・安全性などを説明する必要があります。そして、今、このロボットスーツHALの技術は、学会からも、いろいろな評価組織からも高い評価をいただきました。日本生まれの革新的医療技術が、欧州全域で医療機器の認証を取得し、日本では治験という公的な臨床評価も始まり、それが終わった2016年9月から、進行性の神経筋難病疾患を対象としたHALによる新しい治療への医療保険適用が始まりました。基礎研究からこの段階までやり抜いてきました。感動的です。さらに、技術的にも、自動車・電気製品、すべてを含めた特許のうち最高の特許に選んでいただいて（平成21年度全国発明表彰"サイボーグ型ロボット技術の発明"21世紀発明賞）、今これが、世界初のロボット治療機器として存在しているという、非常に稀な研究になっています。

　世界初の原理、世界初の特許、世界初の医療機器化という開拓、世界初のサイボーグ型ロボット、世界初のロボット治療機器の誕生

と臨床評価、そして、世界初のロボット治療機器としての保険適用へとつながる挑戦の足跡は、極めて重要な知見として社会に役立つものとなるでしょう。それを成し遂げてきた数々の人材こそ、社会の宝物です。

4 あるべき姿の未来を描く

　私は、博士号を1987年の3月に取りましたが、子どもの頃から、医学博士と工学博士の両方を取ろうと思っていたので、工学の博士論文のめどが立ったころから、今度は医学の博士課程に進もうと思い、受験の勉強をはじめました。高校生と同じ受験生の立場に自分をもっていこうとしたら、博士論文の指導を受けていた二人の先生に見つかりまして、「君、何をやってるんだい」という話になってしまいました。「いやぁ、実は、かくかくしかじかなんです」と自分の思いを伝えると、そのうちの一人の先生は、「うーん、気持ちはわかるけれども、医学部で6年、さらに博士課程でプラス4年（工学の博士号を取得する場合は5年）、10年かけてやってしまうと、君は何歳になるんだ。もう40歳前でしょう。そうするといつ研究するんだね？」と言われました。「確かにそれもそうかな」と思いながらも、若いときは、歳をとったあとのことなんて実感できない。でも人生は短い。先生の言っていることもわかるわけです。人生の中で10年というのは貴重です。そこで、「医学と連携したらどうか」と言われたことをきっかけに、連携することにしました。工学博士の学位を取得して筑波大学に勤め、医学との連携を強化していった

ということになります。

　みなさんにも、何かをやろうとしたときには連携をお勧めします。何を言いたいかというと、当たり前のことなのですが、若いうちは、何でも自分で全部やりたいって思いますが「人と共に生きる生き方はすばらしい」ということです。

　私も工学分野でやっていくために、学会にいっぱい論文を書いたり発表したりしながら、その分野でデビューしました。ところが、先ほどのような理由で、一旦学会を辞めさせてもらいました。これは普通だったら、教授はきっと「破門だ！」とか言うはずです。ところがありがたいことに、「なるほど」と言って放置してくださいましたので、とにかく新しい分野づくりをしようと思って、3年間くらい論文を書かないで、今日に至るまでの未来デザインをきちっと創りました。今ここにあるのも、全部当時デザインしたあるべき姿の未来を描き、その実現に向けて構想を創り上げてきたからだと思っています。

　このようにして構想をまとめ、そしてその新学術領域を「サイバニクス」と命名し、1987年に基礎研究を開始しました。当時、筑波大学は学内プロジェクトというものをもっていまして、S、A、B、Cというプロジェクトがありました。まだ博士号を取得して大学に勤めたばかりの私は、お歳を召した先生たちのグループに加えていただき、学内プロジェクトに応募させてもらうことになりました。そして、「サイバニクス」という分野の名称は、「学内プロジェクトS」としてデビューすることになりました。こうして1987年には学内でチャレンジをはじめ、グランドデザインがまとまった後、1991年からこの分野の開拓を着々と推進していくということになりま

1 講話　未来開拓への挑戦

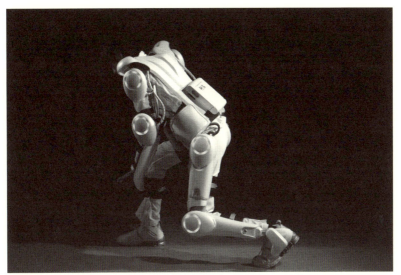

写真13　HAL-5

す。このような歴史がずっと続きます。

　先ほど述べたとおり、HALを使うと、例えば、脳や神経や筋肉の病気がある方の身体の機能が改善されるだろうという仮説を立てました。仮説証明のための基礎実験をやって、これでいけるだろうということで試作品をつくり、そしてどんどんと歩んでいます。

　2004年に経済産業省より、愛知万博に向けて日本の技術を世界に見てもらうために、ぜひ万博のためのプロトタイプをつくって欲しいと言われまして、HAL-4とHAL-5（**写真13**）のタイプを開発しました。万博が終わると、元の路線に軌道修正し、最終的には2010年から、医療機器水準での機器開発を進めながら、まずは臨床データを得るための研究用として、HAL福祉用というものを準備し、出荷をはじめました。そして、仮説証明をずっとやってきまして、パイロットスタディという臨床的観点からの基礎研究を行い、

その後、臨床研究・臨床評価を行うための「医療用HAL」を研究開発し、今に至っています。かなり加速してきました。欧州での取り組みは、一足早く進み、欧州全域で2013年には医療機器の認証を取得することができました。その後、公的労災保険の適用も始まりました。日本でも、2015年11月に、医療用HAL（HAL医療用下肢タイプ）として薬事承認され医療機器になりました。こういうことを実現しようとすると、医療統計学など、そういったこともきちっとやっていかないといけません。治験に必要な治験プロトコル（治験実施計画書というもので適切な治療の手順を明確化したもの）というのをどうつくるか、ということもゼロからやっていくということになります。これは、「治療」というものを設計・開発するということになっていきます。

5　天皇皇后両陛下をお迎えする

写真14は、なつかしい一場面です。当時の安倍首相、小泉元首相、麻生元首相、それから、鳩山元首相、菅元首相もおられます。それからしばらくして、麻生元首相がつくばに来てくれました。さらに、天皇皇后両陛下や、スペイン国王ご夫妻もお越しくださいました（**写真15**）。天皇皇后両陛下が大学という機関を訪問されたのは昭和15年（1940年）が最後で、戦後初めて、2008年11月に、筑波大学の私のところにいらっしゃいました。とても光栄に思います。

　当時の楽屋裏的な話を少ししますと、両陛下がご来学の2週間くらい前から県警が大学内に入ります。あるとき、強面の方が私の

1 講話　未来開拓への挑戦

写真14　要人への説明

49

Ⅲ　理想を実現するための道のり

写真15　天皇皇后両陛下とスペイン国王ご夫妻ご訪問

ところへやってきて、いきなりパッと名刺を出されて、「県警の○○です」と言われます。一瞬、「あれ、何かしたんだろうか？」なんて思いながらドキドキしてしまいました。「警備にあたってますから」と言われ、「あ、もう来られたんですか。ご苦労様です。よろしくお願いします。」って感じで答えました。しっかりと県警の方が後ろで動いているのですね。頼もしい限りです。

　過去にも小泉政権、麻生政権での総合科学技術会議（日本の科学技術の方向性を位置づけるための会議）でご説明する機会を得ましたが、政権交代後の2013年の3月に、第2次安倍政権におけるシンボリックな第1回目の総合科学技術会議で、それまでの内容をさらに発展・進化させ、将来の日本が目指すべき世界規模での未来開拓・イノベーションに関してしっかりと説明をさせてもらいました。

会議の結果、やはりイノベーション推進が重要であること、関連分野・業界の開拓が重要であることなどが総括されたのだと思います。

　日本の国のために重要な政策を提言してもらえればと期待を込めて、国会議員の方150人くらいに私のそれまでの経験・観点から、政策策定に役立つ知見などをご説明してきました。内閣府からも文部科学省からも厚生労働省からも、成長戦略や新成長戦略、あるいは日本再興戦略といったものを組むために、いろいろなディスカッションを行う目的で、官僚の方も議員の方も、「つくば」に来てくださっています。こうした動きに躍動感を感じます。さまざまな観点から、あるべき姿の未来を築き上げるために、「産官学民」が一体となって意見交換をし合えるという点で、重鎮の方々がさまざまな情報を自ら得ていくアクションは、極めて重要なことだと思います。社会を築き上げるのは、産官学民の円滑で一体感のある連携が必須だと思います。

　みなさんは、まだ生徒さんですね。将来、きっとさまざまな分野で活躍されることでしょう。すべての人に多様な役割がある。どの役割も素晴らしく、大切なものです。やりがいのある人生、ワクワクするような人生、希望に満ちた人生は、みなさん自身がどう生きるかにかかっています。

6　国際規格をつくる

　社会というものはさまざまなルールや規制で管理されていますね。製品が社会で安全に使われるためには、その製品の安全性や性

Ⅲ　理想を実現するための道のり

能を誰かがチェックして、「この製品は性能面でも安全面でも大丈夫です」と公的立場で承認してくれると良いですね。こういった国際的に通用する規格を制定するために、多くの国や協会や企業が加わって構成されている組織の代表的なものが国際標準化機構という組織です。社会科か何かで勉強したかもしれませんが、この国際標準化機構という組織をISO＊3-3と言います。ISOは、スイスのジュネーブに本部を置く国際機関で、世界共通の規格（国際規格）をつくっていて、この機構が定めているのがISO規格です。このISOの中にメディカルロボット、パーソナルケアロボット、生活支援ロボットの委員会ができました。このような新しい分野の国際規格を策定する中で、当時は、どういうロボットに対してそのような規格を策定すべきかを模索している状況でしたが、ちょうどHALが社会に見えはじめてきた時期でもあったので、HALを事例に国際規格をつくる流れがでてきました。そうすると当然、ロボットスーツHALが、どういうものかがわからないので、オブザーバー（会議で、議決する権利はないが参加できる人）としてその場に呼ばれます。呼ばれて行くときに、私は東京大学で博士号を取得してすぐサイバーダインに入社してきたサイバーダイン社の若手研究者と、筑波大学の博士課程の学生さん（現在、サイバーダイン社の研究者）を一緒に連れて行きました。普通、学生さんは連れていかないでしょうね。さて、そうして、国際標準化機構ISOの国際規格を策定する専門家集団の場に臨みます。私たちは、いろいろ勉強していきますが、最初は座っておとなしく聞いています。1回の会議は、1週間から2週間ほど続

＊3-3：ISO　International Organization for Standarization の略。

くこともあります。会議が3日ほど過ぎたあたりから議論に参加して、規格の専門的な観点からも、実際的な現実路線の観点からも、国際標準化機構側にとって役立つ情報をしっかりと発信し、良い規格になるよう精一杯頑張ります。何回かの会議が行われたころ、先方から「みなさん、よく知っていますね。エキスパートメンバー*3-4になってくれませんか」と言われました。エキスパートメンバーになると、関連領域での世界ルールを策定することになります。そして今では、世界のメディカルロボットとパーソナルケアロボット、すなわち、医療・福祉・生活（職場を含む）分野のロボット技術が関わるすべての国際規格の策定には、私たちがエキスパートメンバーとして参画することになっています。

　不思議だと思いませんか。さっきまでは、科学少年のはずだったのに、今度は世界基準のルールをつくる側にまわっている。そういう意味で、越えていくべきことには理系文系関係なく取り組み、越えていくべき分野が自分の専門ではない異分野であったとしても、その分野の専門家となって乗り越えていくのです。激しく険しい道ではありますが、やり抜く価値のある有意義なチャレンジだと思います。

＊3-4：エキスパートメンバー　国際規格を策定するための専門メンバー。恒常的にISOの国際会議に参加し、議題決定・議事進行の際の投票権をもつメンバー。

IV

専門分野の越境

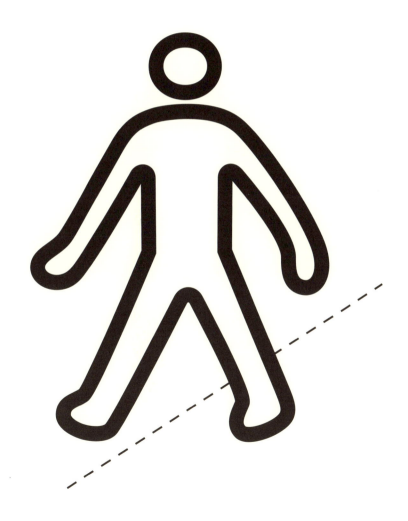

1 テクノロジーの進化が新たに概念の拡張をつくっていく（テクノロジーの進化が新たな概念を構成する）

　おもしろいことに、テクノロジーの発展をきっかけとしてロボットの定義が変わります。

　まず、ロボットとは何かと言いますと、「基本的に人工頭脳や人工知能で、自律で動くものをロボットという」と定義されています。ところがロボットスーツHALは違います。中身が人間です。人間の脳を使って動いていますので、ロボット学会の役員会が終わった後から、「ところで、あれロボットなんですか？」と聞かれることもあります。

　結局、このロボットの定義すらも変わることになりました。テクノロジーの出現で、社会通念、ルール、ガイドライン、定義、こういったものも変わってくるのです。次に一つ例をあげてみますね。

　「死生学、生存学、生命倫理」に関わるものです。先ほども触れましたALSという病気があります。筋ジストロフィーも同様ですが、運動機能がどんどん衰えていく病気です。進行性の病気で、比較的長く生きられる方や、2年くらいで亡くなってしまわれる方もおられます。ALSの場合は、運動神経が次第に衰えて、呼吸もできなくなり、人工呼吸器を使うようになって、最後はまばたきもできなくなります。でも脳や感覚系は衰退することなくそのままで、考え、感じ、楽しんだり悲しんだり喜んだり怒ったりと感情も繊細です。しかし、身体が動きませんので、その状況下でコミュニケーションができなくなる。家族の人は以心伝心もできるかもしれません

が、普通に関わる方々だと、しっかりした意識があるのか、自分の
ことをわかってくれているかさえ、わからなくなる。ご本人も葛藤
するし、周りの人も葛藤する。非常にシビアな問題がでてきます。
人工呼吸器をつけて、ずっと呼吸ができるようになってくると、
10年、20年と長く生きてはいけます。そうすると、こういう技術
によって人がどうやって生きてくかという話について、もう一度考
えるような、そういうきっかけにもなります。

　さらにもっと話は進んで、このようにまったく反応できないよう
な状態の中で、意思伝達が果たしてできるだろうか……ということ
になります。実は少し前に、私の会社のメンバーが、ALSの患者さ
んのために新たに研究開発したデバイス（サイバニックインター
フェース）を持って行きました。HALの技術を使って、脳から出て
来て皮膚の表面から取れる微弱な生体電位信号を見ることにしまし
た。運動系の神経はほとんど衰退していて全く動きが確認できない
状況でも、微弱な信号が検出できたりする。これを使って、この患
者さんはとうとうパソコンのキーボードが打てるようになりまし
た。こんなことができるのです。そうすると、ご家族の方も、友人
や知人も、何かしらの情報に対して、ご本人が応答してくれるとい
うことがわかってくる。そうなった瞬間に、コミュニケーションの
在り方や日々の生活が変わってくるわけです。このようなことがテ
クノロジーを用いるとできる、これはとても重要なことです。その
ような重篤な患者さんのことをどのように考えるかといったとき
に、ご本人の心の動きを感じられないままの状態で考えるのか、ご
本人がサイバニックインターフェースを用いてメールなどで意見交
換を行うことによって、ご本人の心の動きを理解した状態で考える

のか、ご本人がサイバニックインターフェースで家電機器を操作したりして自立度が高まっていく状態の中で考えるのか、によって、「死生学、生存学、生命倫理」といわれる哲学的な考え方すら大きく変わるのではないかと思います。人とテクノロジーの関係は、非常に奥深いものなのです。

キカイダーとハカイダー

写真16は、私が中学校の時に見た「人造人間キカイダー」というアニメです。このデザインが変わっていて、キカイダーの身体の左半分は未完成の状態です。光明寺博士というキカイダーを開発した

写真16 人造人間キカイダー　©株式会社 石森プロ

1　講話　未来開拓への挑戦

博士が、良心回路という人間の心をもたせようとして研究開発したものです。なぜ、もたせたかったのかは知りませんが、そうしたかったのでしょう。今の世界のロボット研究者の中にも、そういうことやりたがっている方々も見受けられます。これはきっと、人間の遺伝子のなせる業かもしれません。不思議なことに、人間のような心をもたせた結果、このドラマではロボットがいつも悩むことになってしまいます。

そして、**写真17**のハカイダーは、脳だけは人間で、身体はロボットというサイボーグといわれているものです。キカイダーを開発した光明寺博士は悪い人にさらわれて、ハカイダーの頭の中に、博士の脳だけが入れられてしまうのです。この両者が、映画、テレビドラマの番組の中で戦うのですが、何分間か戦うと、キカイダーがい

写真17　ハカイダー　©株式会社 石森プロ

59

つも負けそうになります。負けて、ぎりぎりでもう終わりかなと思うと、ハカイダーは「時間だ」と言って帰ります。なぜ帰るかという説明は全くありませんでしたが、私が勝手に考えるところでは、おそらく、人間の脳を使っているので、血液循環系や代謝系の維持が必要で、どうしても戻って代謝系の調整をしなければいけない、だから、長く戦えなかった、というふうに解釈しています。こういう解釈をしてみると楽しいですね。

　前に例として出した、鉄人28号というロボット。正太郎少年は、この巨大なロボットをレバー2つで操っている。プレステですらあれだけボタンがあるのに、鉄人28号は、レバーがたった2つです。それで戦っているわけですから、どう見ても不思議で仕方がありません。当時の私は、1年経ち、2年経ち……と、ずっと不思議なまま生きています。さらに、正太郎少年がそのレバーを持って操作しながら、「パンチだ！鉄人！」など、いろいろ言っているわけです。あるときハッと気づき、もう一度見直しました。「やはり、そうだったのか！　あのレバーはマイクなんだ！」と考えることにしました。命令指示に従って目的動作を実行するシステムのことを、専門用語でTask Oriented Systems（タスク指向型システム）と言いますが、まさにその技術だと考えると筋が通って私なりにスッキリしました。指示を出せば人工知能がある程度のことをタスク（仕事）としてこなすのです。ここでは、指示を音声によってタスクとして与えて動かすという高度なシステムです。ではなぜ2つあるか、きっとステレオシステムか予備かのどちらかでしょう。これも、勝手な解釈です。こういう解釈をいろいろ試みることは、これはこれでとてもおもしろい。子どもの頃からの趣味のようなもので、どうやって

実現するのかを発想し、勝手に解釈して納得する。こうやって、クリエーションというレベルで考えて発想することは、発想力・構想力・想像力を鍛えるという点でも有効かもしれませんし、とにかく、そういう日常は楽しいですね。

③ テクノロジーで哲学も進化する

　多くの人は、時々、人間とは何か、生命とは何かということを考えてきたかと思います。こういったことは、人間が2000年も前から考えてきたこと、きっと、3000年……1万年以上前から考えてきたことかもしれませんね。

　このような人間の長年の問いに対し、科学技術は、生命や生物の根本に、一つの解をつきつけたのです。4種類のアミノ酸、アデニン、グアニン、シトシン、チミンという物質の配列、この情報の並びかたに、生命や生物の基本が記述されているというもので、これによって生命を定義づけようとしました。生命とは何か、という非常に神秘的なものを、物質とか情報の配列に変えてしまったと言えるでしょう。産業革命以降、科学技術は凄まじい勢いで進化しています。単なる歯車の集合体だった機械は、からくり人形のようなオートマトンといわれる自動機械へと進化し、さらに電子技術が加わることで、産業用ロボットと呼ばれるような高度に自動化された機械になっていきました。第3次産業革命は、自動機械である産業用ロボットが実現した大きな成果と言えるでしょう。研究開発者たちは、こういった単純なロボットを、より高度で複雑なものにしてい

Ⅳ　専門分野の越境

こうと開拓を続け、とうとう人間のようなものをつくり始めようとしています。そして、IT技術や人工知能やスーパーコンピュータの技術革新により、何もかもがつながりはじめています。

　さらに激しいことに、何とかヨチヨチ歩きで到達してきた研究開発、例えば、人工臓器・遺伝子工学・細胞工学・再生医療・人工知能などの研究開発を通して、今度は逆の方向に、つまり、こういったものをもとに生命にアプローチしてみようという流れも見えはじめました。例えば、人工知能は、その一つの象徴的な事例かもしれません。すでに、チェスの世界チャンピオンはディープブルーという人工知能を搭載したスーパーコンピュータに敗れました。囲碁や将棋などの知的なゲームについても同様で、人工知能とスーパーコンピュータがタッグを組んで、ほかの知的分野でも徐々に人を超えようとしています。人間を超えたいという欲求、たったそれだけの気持ちが、人間を超えようとする人工知能の開発を加速させている。自動車が自動運転となる、ロボットが自分の判断で動きはじめる、株式の売買を人工知能が代行する、そんな時代が見えはじめています。自分で進化し続ける高度な人工知能を搭載した学習型のシステムの挙動については、設計者・開発者すらどのように機能するのか予測できなくなる時代が来るかもしれません。果たしてそれでいいのか。私は、とめどもないこのような科学技術の研究開発の進め方に対して、警鐘を鳴らしたい思いがあります。そして、やはり「人」を中心とした、「人」を支援していく技術のほうに軸足をもっていくべきではないかと思っています。

　時折、おもしろいなと思うことがあります。ここまで、私がみなさんに語ってきた話には、多くの示唆に富む内容が入っているんですね。

1 講話 未来開拓への挑戦

図5　未来に立っていまを見る

　実は、テクノロジーによって哲学が影響を受けているのです。みなさんも生き物の進化の道、つまり、自然淘汰ということを勉強したと思います。私はみなさんに人類の新しい進化の道について、学説と呼べるものかどうかはわかりませんが、私の考えをお伝えしたいと思います。私たち人間は、ほかの生き物と違い、生物として通常の自然淘汰による進化の道を捨て、テクノロジーを手にすることにより、自らを生物の自然淘汰の仕組みから外れた道を選んだ種族として進化することを選んだのです。過激な発想かもしれませんが、きっとそうだと思います。テクノロジーを手にすることで、環境すら変えながら、種としての自然淘汰の道を捨ててしまっているわけです。
　このことが何を意味するかと言いますと、この先どのようなテクノロジーを創るかによって、私たちの未来が決まるということです。つまり、「あるべき姿の未来の社会」をしっかりと描き、その未来社会を実現するために適切なテクノロジーを創り出していくという

IV 専門分野の越境

ことが極めて重要な時代になっており、あるべき姿の未来を想像し実現していく力、そういった力を備えた「未来開拓型人材」が本当に大切な時代となっているのです（**図5**）。人や社会のための科学技術というものが、人類の根本に位置づけられるようにもなるでしょう。

　太古の時代、人類は自然の一部として生きていました。紀元前・後の時期も、その時代背景に対応した哲学的ものの考え方があり、それはその時代の中で培われたものだったでしょう。現在、科学技術は人類の身の丈をはるかに超えた存在になってきています。人類はテクノロジーを仲間にして楽しく生きていくことができるしょうか。ひょっとしたら人類はテクノロジーに押しつぶされたり支配されたりしてしまうかもしれません。どのようなテクノロジーを生み出すかは、私たちの哲学や倫理観や人間観や社会観に根ざしていると言っていいでしょう。

　哲学と科学技術が密接に関わる時代、テクノロジーで哲学も進化していくのです。

4　神経難病分野での医療用HAL

　私は血液の研究もいろいろと行っています。先ほど述べたとおり血液は、時々、血栓と呼ばれる小さな塊になることがあり、これが脳の血管や心臓の血管に詰まって、脳梗塞や心筋梗塞を引き起こし、脳神経系に障がいが出て身体が麻痺したり、心臓の組織が損傷して血液を体に送ることができなくなったりします。最悪の場合には死に至ります。そこで、血栓ができやすくなっているかどうかを、血

液に触れないで捉える方法として「光」を用いることにしました。「光」がどういうふうに血液の中で散乱していくかということと、「光子（フォトン）」がどういうふうに挙動するかということを、もう一度新しく数理工学的に、物理学的に理論をつくり直すことによって、仕上げていきます。

　さらに、脳の活動を捉えることができる超高感度・高機能のセンサーを研究開発しています。世界初のセンサーです。現在、日常で用いることができるように、小型で簡便な脳活動モニターとして製品化を進めています。

　さて、ここでHALの事例をいくつかご紹介します。まずは、ポリオ*4-1の患者さんです。生後11ヶ月でポリオのウィルスに感染して左側の脚が全く動かなくなってしまった状態です。子どものときからなので、以後50年間ずっとこの左の脚は動いていません。この方が、単脚用のHALを着けて動かなくなった脚を動かせるようになるなど、普通では想像できません。

　最初はこの患者さんがHALを装着してみても、何も反応は見られませんでした。1日、2日、3日と経過していくうちに、時々、ピクっとHALが反応しはじめました。そして、ついに50年間、脚を動かすことができなかった方がHALを着けてご自分の脚をご自身の意思で動かしはじめたのです。50年の時間を超えて、ご自身の意思で、脚がぶらぶら状態の人が脚を曲げたり伸ばしたりできるようになってきている……すごいことです。感動で涙がでてきました。この方も、研究室の学生も、その場にいた人は感動で涙ぐんでいました。

＊4-1：ポリオ　ポリオウィルスによって発症するウィルス感染症。感染者の約0.2％程度にだらんとした手や脚の麻痺が現れ、生涯に渡り運動障がいが残ることの多い病気。

IV 専門分野の越境

　次は、脳卒中*4-2の事例です。脳卒中を2回も発症されて、お医者さんのカルテでは、もう歩行は厳しいと言われていた患者さんです。HALを使っていくうちに、HALをはずしても1ヶ月後には歩きはじめ、さらに続けてHALを使っていくと、2ヶ月後にはHALなしで廊下をジョギングできるようになりました。その後退院して、今では、ジャンプもしています。すごいですね。大切なことは、HALをはずしても動くことです。機能が改善して、これで退院できるようになります。このとき脳がどのように動いていたかということが重要で、病気が発症した早い段階できちんとHALを使うと、脳が最初の状態から変わってくることもわかりました。とにかく、驚くことが多く、感動の日々です。

　それから、生まれながらにして遺伝的な病気があったり、遺伝子の病変等があったりする患者さんの場合は、歩行が未熟な状態のままどんどん身体機能が低下して、生命の維持が難しくなることもあります。あるいは、出産時に問題が生じて、例えば、酸欠のような状態によって、脳性小児麻痺（CP*4-3）になってしまった場合には、脳神経系の細胞がダメージを受けて、身体が麻痺した状態になります。このような患者さんに対しては、現代医学でも機能改善ができません。運動機能が成熟できていない状態の小児の身体機能を改善できるのか。こういう状態をどうにかして改善することはできないのかと新しい研究開発にチャレンジしています。11歳の脳性小児麻痺の少年に適用した例もあります。HALを使っていくと、それま

＊4-2：脳卒中　大きくは、脳の血管が詰まる「脳梗塞」と脳の血管が破れて出血する「脳出血」
　　　　や「くも膜下出血」がある。
＊4-3：CP　Cerebral palsyの略。

66

でなかなか動かなかった身体が次第に改善し、HALをはずしても、とうとう何とか自分で左右の脚を交互に動かして歩きはじめているのです。

　さらに小さな身長の少女の例も挙げましょう。そもそも小さなサイズのHALがないので、小型HALの研究開発を急ピッチで進めることになりました。私の研究室の学生さんは人間性に優れ研究者としても優秀です。頑張って短期間で小型HALを試作してくれました。非常に小さなバージョンです。このバージョンをつけた女の子は、「SMA2（脊髄性筋萎縮症type2＊4-4）」という「歩くことができない」という病気で、立つことが難しくて、1歩踏み出すと倒れてしまうんです。この子が、新開発の小型HALを2週間使ったところ、なんと、9歩、10歩と歩きはじめたのです。その場にいた神経難病が専門のお医者さんは、少し興奮気味に、「山海先生、これは遺伝子治療を超えたかもしれません！」とシャウトしていました。

　こうして機能が改善していくことと、脳機能はどう関係しているでしょうか。実は、こうして脚を動かして徐々に歩けるようになってくると、脳の状態も変わってくることがわかりました。fMRI＊4-5（機能的磁気共鳴画像装置）という高価な装置で脳活動を調べていくと、身体が動かない状態では、脳は動かない身体を動かそうと頑張りすぎて、次第に脳はいろいろなところが活発化していきます。これは「過活動」といって、本来活動すべき箇所とは異なるところも活動しはじめてしまうという状態です。あまり良いことではありません。つまり、頑張りすぎは良くないということですね。身体を

＊4-4：SMA2　Spinal Muscular Atrophy type2の略。
＊4-5：fMRI　Functional Magnetic Resonance Imagingの略。

思うように動かせなかったこのような状態にある患者さんでも、HALを使うと、脳の中の適切なところが興奮した時だけ、HALは脳から筋肉への指令信号をキャッチするので、意思に従って動きはじめ、脳神経系のつながり（シナプス結合）を強化・調整するための機能改善・機能再生ループが、人とHALの間で構成されます。こうして、どんどん脳や神経系の機能改善が進み、本来の適切な部分の脳活動と連動して脳神経系と身体系の機能が改善していくのです。これらの事例は、脳の中で何が起きているかを示す貴重なデータとなっているのです。実に興味深いですね。別の言い方をすれば、HALは、コネクトーム（脳の機能マップ）の再構築を促進する革新技術だとも言えるでしょう。

今、進行性の神経筋難病という現代医学では治療方法が見つかっていない病気に対して、治験を行っていますが、この治験の結果、薬でも病気の進行を抑制することができなかった難病に、医療用HALが保険治療として適用できると期待しています[4-6]。この治験が終われば、さらにほかの分野にも適用が広がるだろうと思っています。喜んでくれる人が待っていてくれる限り、私たちの挑戦は続くのです。

5 欧州から始まった世界展開

スウェーデンでは、HALを使った開拓のために神経治療センター

[4-6]：参考　2016年9月から保険適用による治療が始まっている。

が加わってくれました。また、ノーベル生理学・医学賞の選考委員会が常設されているカロリンスカ医科大学の病院のチームが推進してくれることも決まり、契約も済んで連携が進んでいます。

これらの国を含んだ欧州全域で、HALは医療機器としての承認を取得することができました。公的な労災保険の対象にもなって、立つことも歩くことも一人ではできなかった人が、HALによるサイバニクス治療が終わる頃には、HALを外して歩けるようになったり、歩くスピードも大きく変わったりしています。

今は保険制度にも動きがあり、ドイツではついに公的労災保険機関が、私たちと一緒にCCR＊4-7という組織を運営することで合意することになりました。画期的なことだと思います。今後はドイツ政府がそこに対して最終チェックをし、ドイツの公的労災保険機関が日本の企業の株式を24.9％保有する形で、このテクノロジーを運用するということになるでしょう。

こうして、新しい治療分野の開拓が加速しています。日本生まれの革新技術が、日本から欧州へ、欧州から世界へと展開されていくことでしょう。HALが医療機器となって実際に活用されはじめた意義は極めて大きく、イノベーション推進の先導的モデルとも言えるかと思います。そういう世界的視野からの挑戦として、さらに次のチャレンジにも少しだけ触れておきます。

医薬品とこの革新的サイボーグ型ロボットHALとの複合療法（医薬医療機器複合療法）です。「そんな組み合わせってあるんですか？」と聞きたくなるでしょうね。異常な神経活動のループによっ

＊4-7：CCR　Cyberdyne Care Robotics GmbHの略。

て、身体がカチカチになってしまっている患者さんがいますが、この状態だとHALは使えません。そこで、運動神経と筋肉の間のシナプス結合を弱める薬を用いてしばらくの期間身体を弛緩(しかん)させ、その効果が持続する間にHALを使って脳神経・筋系のシナプス結合を適切な状態になるようにしようとするものです。これもすごいでしょう。薬理医学に興味がある人のために駆け足でお話ししてみました。

「薬」と「革新的サイボーグ型ロボットHAL」との新領域開拓だけでなく、「再生医療」と「革新的サイボーグ型ロボットHAL」との組み合わせによる新領域開拓もあるでしょう。

このように、常に、さまざまな問題を解決するためにサイバニクスを駆使して革新的技術を生み出していく。やりがいがありますね。ワクワクします。

6 テクノロジーは人や社会のためにある

写真18は、太モモの中ほどから脚が切断されて脚が無くなって

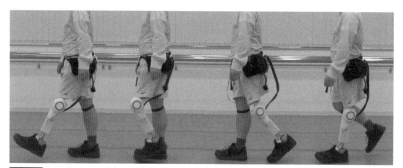

写真18 サイバニックレッグ

しまった人に、サイバニクス技術により研究開発したサイバニックレッグを適用した例です。基本原理はHALと同様で、脳神経系からの生体電位信号を切断された領域で検出して、人の脳神経系情報と人工の脚をつなぎサイバニックレッグを思うように曲げ伸ばしできるようにしています。こうして、自分の意思で脚を曲げて伸ばす。そして、自分で障がい物をマネージして乗り越える。そして、スムースに歩く。このようなことができるのは、アニメの世界だと、「鋼の錬金術師」でしょうか。

　両脚を失った方へサイバニックレッグを適用した例もあります。両脚が無い人が階段を上ります。すごいですね。さてどのようにして歩くと思いますか。サイバニックレッグを使うことによって、すでに脚のある人と区別できないくらいにスムースに歩いています。国際学会などでこの状況が示された時には、みなさん感動されて拍手が湧き起こりました。試験レベルとはいえ、とうとう、このような技術まできたのだなと感慨深く思うことがあります。こういった患者さんのために、早く実用化して利用してもらうところまで到達しなければなりませんね。

　それから、サイバニクス技術と再生医療という世界もあります。再生医療というと、幹細胞などで、細胞を増やしたり、損傷部位を修復させようとしたりなど、今後の発展が期待できる新しい医療技術の一つです。交通事故や病気で脳神経系が損傷した場合には、通常はダメージを受けた神経細胞は死滅するか機能を失うことになります。HALは人とロボットとの間にiBF＊4-8のループを構築すると

＊4-8：iBF　interactive Bio-Feedbackの略（図6）。

Ⅳ　専門分野の越境

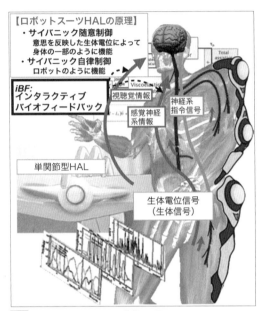

図6　iBF および HAL の動作原理

いう考え方に基づいて研究開発されているので、脳神経系からの微弱な生体電位信号が検出できれば、脳神経系の機能改善・機能再生ループが促進されることになります。しかし、肝心の神経系が完全に切断されてしまった場合には、HALは生体電位信号をキャッチできないため随意的には動いてくれません。それならばどうするか。「無ければ創る」というのが私のフィロソフィ（哲学）です。だから、切れているなら、切れているのをつなげてしまおうという研究も始めました。共同研究を行なってきた協力病院の先生は自家幹細胞で試みようとしてくれました。この臨床研究は、先進医療にも選ばれたそうです。再生医療で細胞がつながったとしても、神経細胞がつながっただけでは、脳神経系と筋骨格系が適切に機能するとは限り

ません。それぞれの神経が適切に機能することで、脳神経系の指示で筋骨格系が動いてくれるのです。HAL は、脳からの指示の信号が末梢までほんの少しでもつながっていて微弱な生体電位信号が検出できさえすれば、機能改善・機能再生のループを動かしはじめることができるようになります。つまり、再生医療とこの革新的サイバニックシステム「HAL」の組み合わせというびっくりするような組み合わせが、さらに革新的な医療技術を創り出すということになるのです。最近では、京都大学のiPS細胞の研究チームとの連携も推進しはじめました。世界をリードするそれぞれの革新的医療技術が一緒に歩みはじめるのです。また、ワクワクしてきました。

　かなり前に交通事故で完全脊髄損傷患者になった方への適用事例もあります。脊髄が2cm以上なくなってしまっているそうです。関西の大学病院で自家幹細胞を移植する手術をして、1年以上、通常の医療を受けたようです。この患者さんが、しばらくしてつくば市の私たちのところに来てくれました。最初は全く体は動きませんでした。当然、自分の意思にしたがった随意的な信号も検出できません。どうしてもHAL を使ってみたいということで、様子を見てみました。1日のうちに一定時間だけHAL を使ってもらうことになりました。1ヶ月、3ヶ月と経過していく間、時々、本当に極めて小さな信号が見えましたがノイズのようでしたし、ご本人の意思と連動しているかどうか判別は困難でした。さらに継続していくと、なんと不思議なことに極めて小さかった生体電位信号は、徐々にはっきりと現れてきて、さらに、非常に小さな信号ではありますが右脚と左脚に同期してくっきりと現れるようになりました。そして、とうとうHAL を外しても、時々ですが自分で脚を曲げられるよう

になりました。立って歩くことはできませんでしたが、その後、この方は素敵な人と出会い、結婚式では杖をついて車椅子から立ち上がって会場を歩いて雛壇にまで移動する姿を見せてくれました。今、思い出しても涙がこぼれそうになります。こういった方の強く熱い想いに応えていく。そういう研究開発者・科学者・経営者であり続けようと思う。最初は、たった一人のための科学技術であってもいい。それはいずれ、数多くの人や社会のための科学技術になるのです。

　この完全脊髄損傷患者さんとの出会いは、次のチャレンジのきっかけとなりました。幹細胞を損傷部位に単純に移植しても、機能が再生できなければ、再生医療としての真価は発揮できない。そこで、神経細胞を簡便に培養する方法の研究や、神経細胞を狙った方向に伸ばしていく研究もはじめました。私のサイバニクス研究センターでは、現在、脊髄を5mm削り取った完全脊損ラットを準備し、ナノテクノロジーなどを用いたコラーゲンでできているブリッジを作り、神経がもっと確実にねらったところだけがつながるような方法を研究開発しています。これも画期的なすばらしい研究結果となりましたら、国際論文として公開され、きっと新聞などで研究開発状況を広く社会に発信していけるでしょう（注：この研究は、後日、国際論文にもなり、また、新聞でも公開された）。どんなに基礎研究に集中していても、難しい状態にある多くの人が待ってくれていると思うと、基礎研究と実際の展開を一体的に進めるしかないのです。後は、誰かがやってくれるだろうなどという思いで歩んでいたら、困難を抱える人の手に何かを届けることはできません。

　私がある高校で講演をしたときに、高校生として私の講演を聞い

てくれていて、自分もこういう研究がしたいと言って筑波大学に進学し、その後、私の研究室に入ってきた学生さんがいます。彼は大学院の博士課程で血液の研究をやっているのですが、研究室に配属された時に最初に手伝ってくれたことは、重作業支援用HALの研究のために、自身よりも大きな男性を背負ってモン・サン＝ミッシェル（フランスの世界遺産）を登ることでした。「僕が背負って登るんですか」と彼が言うので、「もし可能なら。人間はいろんなものを背負って生きているんだよ」と返事をしました。彼はにっこり微笑むと、快く笑顔で引き受けてくれました。こうして、人を想ってくれる若者がまた一人。

　東日本大震災の後になりますが、一本の連絡がモン・サン＝ミッシェルにいた私に入りました。ダメージを受けてしまった原子力発電所の復興に取り組むために、ガンマカメラを持って現地で活動する作業者のために、放射線被曝を低減しながら活動できるHALが急遽必要なのですという切羽詰まった叫びでした。復旧作業を行うメーカーの現場責任者の方からでした。医療用として研究開発中のHALをベースに、私がCEOを務めるサイバーダイン社が大至急でHAL災害対策用を準備することになりました。40〜60kgのメタルジャケットと全身を覆う防護服、そして、冷却装置を背負ったHAL災害対策用を短期間で研究開発して、現場で使ってもらうことになります。日本にとって最大級の災害対応です。当然、費用などもらうことなく、モン・サン＝ミッシェルから社内の関係者に指示を出し、帰国後も集中して準備を進めました。そして、秋頃には現場での試験ができるようになり、当時の発電所の所長、メーカーの現場責任者に装着してもらいました。その後、国家プロジェクト

に加わることになり、委員会の指示でほかの組織と足並みを揃えて動くことになりました。次に現場に行けたのは、約1年後となりました。その間に、現場責任者の方の体調が悪化し、入院ということに。私は、病院にお見舞いに行きました。その方は、がんに侵されてしまっていて、やせ細っていてました。同氏の男気^{おとこぎ}に動かされてこの難題に挑戦してきた私は、この理不尽さに戸惑ってしまいましたが、目の前の彼に一言だけ伝えました。「○○さんの思いは受け取りました。これからも、復興、再興に寄り添っていきます。安心してください」と。涙をこらえながら話すのが精一杯でした。大変残念なことに、その後すぐ、その方は他界されました。その数ヶ月後には、前出の発電所の所長も他界されました。

　患者さんも待っている。復興支援にも力を注がないと。超高齢社会の課題に向けて「重介護ゼロ社会」を実現する。あるべき姿の未来社会を実現する革新的サイバニックシステムを社会実装する。やるべきことは山積しています。全力で活動したいと思っても、社会はハチミツのプールのようで、動こうとすればするほど抵抗値が増してくる。それでも、頑張り抜く価値は十分にあると信じています。

V

テクノピアサポートの時代を生きる

ここまでの話の中で、私は、人が仲間として支援し合うことが大切であり、そのキーワードである「ピア・サポート（仲間支援）」について触れておきました。人類の社会変遷は「テクノロジー」とともにあり続けてきたことについても触れたかと思います。私たちが生きるこれからの社会では、「人」と「テクノロジー」が共に支援し合う関係がさらに重要になってくるでしょう。また、この２つのキーワードを合わせた「テクノピアサポート」という言葉を考えこれをもう一つのキーワードとし、人とテクノロジーが共生する社会についてお話ししてきました。これについてもう少しお話しして、本書を締めくくりたいと思います。

　私自身の歩みをお話しする中で、私自身がまさにピア・サポートを行いながら、いまに至っているということに、みなさんは気づいたかもしれませんね。工学博士の取得にめどが立った頃に、医学部に行こうと受験勉強を始めた私を見つけた恩師は、「研究者として医学と連携したらどうか」と助言してくれました。その助言にしたがい、博士号を取得してそのまま筑波大学の教員となって、医学との連携を強化していきました。いま思えば、これはその後の人生を方向づけるような、象徴的なエピソードだったように思います。

　大学は縦割りでタコツボ的であるため視野狭窄に陥りがちですが、医学と連携したことがとても素晴らしかった。人と共に歩みはじめた瞬間に、自分だけではできなかったことがどんどんと一緒にできるようになる。異分野・異業種の人たちと一緒に歩みはじめたらなおさらで、どんどんと横へ横へと、同時に、縦へ縦へとまた広がっていく。そうすると、その分野の最先端の難しい課題や要望がどんどん飛び込んできて、フル稼働で突破しようとする生活が始ま

る。気がつくと、何とか突破できて、関係者全員が感激してくれたり、さらに新しい課題解決に向けた挑戦が始まったりしている。これが繰り返されて、気づかないうちに、研究開発者としての突破力や見通す力や解決する力が強化され、組織の強化も相まって、不思議なことに昔だったら難しいと思うことがサクッとできる仲間や組織ができあがっている。このピア・サポートのプロセス、すばらしいと思いませんか。私は、筑波大学では主に手探りで分野開拓に挑戦する人材育成と基礎検証を行う「サイバニクス研究センター」のセンター長として活動し、基礎研究開発と社会実装を通してイノベーションを推進する大学発ベンチャー企業「サイバーダイン社」の社長として活動し、内閣府が推進する研究開発プログラムの責任者の一人として活動しています。そうです、医学との連携を超えて、社会全体との一体的連携についても未来開拓に挑戦する研究者・経営者・教育者として取り組んでいます。難しいことばかりですが、やり通す価値はある。難しい課題を一つ一つ突破して、さらに新たな連携をしていくと、またみんなで歩んでいける。これが繰り返される。みなさんも、まずは周りの人と連携しながらやってみてはどうでしょうか。

　私が創成した新学術領域「サイバニクス（Cybernics）」も同じ発想です。一つの専門分野に閉じこもっていては、社会課題を解決することはできないでしょう。社会変革・産業変革につながるイノベーションを推進し、社会課題を解決しようとするためには、さまざまな分野の連携が必要になってきます。これも専門分野同士のピア・サポートだと言えます。このサイバニクスは、文部科学省が最も強化する教育研究拠点として推進され、私はリーダーとして分

野開拓に力を注いできました。今後、さらに他領域との連携が始まっていくことでしょう。みなさんが活躍する世界は、今、激しく動いています。人、テクノロジー、異分野・異業種が一緒になって仲間として支援し合う社会であることが、ますます重要になっているということを強調しておきたいと思います。

　考えてみれば、「人は仲間とともに生きる生き物である」という根本原理があるわけです。自然淘汰の末に強いものだけが生き残っていくという考えもあるかと思いますが、私はそのようには考えないで、次のように考えています。弱い立場の人も一緒になって生きていける社会、そういう社会をつくりだしていくことが、未来を支える人類の役割だと思っています。そういう世界って、すごいと思いませんか。太古の昔だったら、私などは一瞬で死んでしまっていたかもしれません。

　テクノロジーを手にした人類は、その時代のテクノロジーで環境に適応し、自然淘汰の流れで生きざるをえなかったほかの生物とは違う進化の道を選び歩んできた。今、人類は、次の段階に入ったロボット、人工知能、情報技術、再生医療などを仲間にしようとしている。どんな未来が築かれるのか。そのような大きな視点で未来を考え、「テクノピアサポート」では、バランスの良い支援関係を築こうとしているのです。多様な在り方を認め合いながらお互いが尊重し、支え合う「共生社会」であることが大切です。

　こういった人とテクノロジーが相互に支援し合う「テクノピアサポート」は、これからの「共生社会」の基本的な考え方になるだろうと考えています。重要なことは、人類がこの先どのようなテクノロジーを創り上げていくのか、あるいはどんなテクノロジーの使い

方をしていくのかによって、私たちの未来が決まるということです。だからこそ、しっかりとした人間観、社会観、倫理観をもち、人や社会のために、自ら何をなすべきかを発想し、行動し、牽引できることが重要になるのです。

　未来は私たちがつくりだすものなのです。このことを、ぜひ、みなさんにお伝えしておきたいと思います。輝かしく希望に満ちた「あるべき姿の未来」をつくりだすために、私自身もこの身朽ちるとも未来開拓に挑戦しつづけようと思っています。

　みなさんも、ワクワク感に満ちた未来開拓のチャレンジャーであってもらえればと思います。

　未来の扉を開けるのは、みなさん自身です。

PART 2　質疑応答

中高生と大いに語る

PART2は、実際に講演会でいただいた質疑応答を元にみなさんにわかりやすく編集しました。講演会の雰囲気を伝えられるよう「謝辞（生徒から・教職員から）も含め、「むすびの挨拶」までを掲載しました。質疑者のお名前は、仮名で記載しています。

PART 2　質疑応答　中高生と大いに語る

　1　HALは誤作動を起こさないのか？ ……………………… 85

　2　HALの新たな機能と動物用HAL ……………………… 87

　3　故障から人を守るための工夫 …………………………… 88

　4　軍事利用を回避する方策 ………………………………… 89

　5　他者の運動機能共有の可能性 …………………………… 92

　6　HALの未来 ………………………………………………… 94

　7　HALのまろやかな動きとメンタルサポート ………… 96

　8　HALの動力 ………………………………………………… 98

　9　HALの電磁波が人体に与える影響 …………………… 100

　10　勉強の順序について …………………………………… 101

　11　筋力に与える影響 ……………………………………… 104

　12　HALのデザイン ………………………………………… 105

　13　HALのサイズ調整 ……………………………………… 108

　14　HALの特許をめぐって ………………………………… 109

　　・謝辞（生徒から） ………………………………………… 112

　　・謝辞（教職員から） ……………………………………… 114

　　・むすびの挨拶　山海先生 ……………………………… 116

1 HALは誤作動を起こさないのか？

みさき さん ▶▶▶

　HALは皮膚の表面から捉える、脳から送られてきた電気信号以外の、例えば静電気のような外的要因で誤作動を起こしたりはしないのでしょうか。

▶▶▶ 山海先生

　HALは、とても微弱な電気信号を扱います。例えば心電図をとるという行為はシールドルーム（外部からの電磁波の影響を受けず、かつ外部に電磁波を漏らさず、さらに内部で電磁波が反照しないように設計、施工された試験室）という部屋で安静にし、家電製品でも時々使われているアース（電位のゼロをとる基準）の電線を壁側のアース端子につないで設置し、ノイズを低減するようにして安定化させて測ります。しかし、移動しながら機能するHALにはアースをつけるわけにもいかず、その中で安定して微弱な電気信号を扱わなければなりません。その上、モーターが横でガンガン動いていて、さらに複数のコンピュータや電子回路が入っているために、いろいろなノイズが生じます。そこで、最初の設計段階からそういった外的要因のノイズをどう除くかというところに、大きな力を入れてきました。信号処理理論や電子技術、そして人工知能処理等によって、このようなノイズを取り除くことにしました。こうした技術によって、静電気なども含め、外的要因のノイズを処理することで誤作動しないように対策されています。その結果、厳しい検査を

経て、病院の中でも、ほかの機器からの電磁波にも影響を受けない安全に機能する医療機器としての認証を得ているわけです。

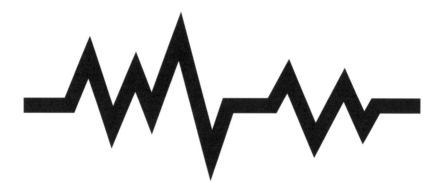

2　HALの新たな機能と動物用HAL

たける くん ▶▶▶

　先生の子どもの頃の話や科学の話、社会と関係している話には感動しました。

　質問ですが、今のHALに、新たにどのような機能をつけ加えたいと考えていますか。また、動物用のHALの開発はお考えになっていますか。

▶▶▶ 山海先生

　新たな機能については、今後のお楽しみということで。

　もう一つ、動物用についてですね。再生医療の話の中（Ⅳ-6 参照）で幹細胞を使った話に触れましたが、神経細胞を再生したのち、脳や身体と再生された神経細胞が機能するような機能再生が実現できなければなりません。現在、治療としてその機能再生を促進することができるのは、世界でもこのHALしかないと思います。

　iPS細胞などの再生医療は現在開発段階でもあるため、患者さんへの適応の前には動物実験を行う必要があります。ということで、小型化はとても大変ですが、動物用HALの開発は水面下で進めています。

3 故障から人を守るための工夫

まさる くん ▶▶▶

　HALがもし故障やバッテリー切れとかで、突然停止しまった場合に、中の人を守るための工夫が何かあれば教えてください。

▶▶▶ 山海先生

　モーターとギヤを使って何かを動かしたときに、モーターが動かなくなると、外のほうが動かなくなるのが普通です。大きな力を出そうとすると、ギヤの比率が大きいため、普通は電気が切れた時間に、そのままの状態で止まってしまいます。しかしHALは、電池が切れてしまっても普通に歩くことができます。これは世界に無い、そういう特殊なギヤとモーターというものを独特な技術として準備し使っているからです。一般的に売っているギヤや、売っているモーターではないものです。これによって「バックドライバビリティ」の機能が高まります。「バックドライバビリティ」とは、出力側から動かせるようになっている状態です。そうすると、電池を切っていても非常にスムースに動かせるのです。

4 軍事利用を回避する方策

あいり さん ▶▶▶

　もし、HALが戦争のために使われた場合は、どのように対応するのでしょうか。政府関係者がHALを使おうと、話がもち上がったらどうなるのですか。

▶▶▶ 山海先生

　近代戦というものは局地戦で、都市そのものを制圧していくということになりますから、制圧した場所に入っていかないといけません。そうすると、中に人が残っていてスナイパーがいたり、ガスを撒かれたり、あるいはバイオ兵器を使用されたりする可能性があるので、兵隊さんは防護服を着て、酸素ボンベを背負い歩くことになります。中は暑いので冷却装置を使い、そして重火器という大きなマシンガンも持つので、もう重くて動けません。さらに、スナイパーが狙っているので防弾も必要となり……というように、非常に強化された歩兵部隊が必要になってくるかもしれませんね。

　私の理念は、「科学技術は人や社会に役立ってこそ意味がある」というものです。したがって、自分が生み出したテクノロジーを殺戮用に使うことは私のフィロソフィから大きくはずれるので、人を傷つける目的で使われないように、さまざまな対策を講じています。

　過去に何年にもわたって、外国からも軍事転用の依頼が来たことがあります。もちろん、すべて丁寧にお断りしてきました。もしも私が子どもの頃から、多くの人に踏みつけられて悲しい生き方をし

てきたとしら、ひょっとすると、魂を外国に売っていたかもしれませんが、幸いなことに多くの人から温かく育ててもらっていますので、そういうことには至らずに済んでいます。そして、ありがたいことに、テクノロジーをきちんと人や社会のために使うという思いをもち続けながら、今もこうしてチャレンジし続けています。

　サイバニックレッグ（義足）の話をしましたが、アメリカなどでは多くの人が義足を使っています。これは、糖尿病で脚を失った人もいれば、地雷を踏んで脚を失った人もいます。こうったハンディを負った方のためには何とかできればと思いますので、日常生活をできるだけ普通に送るための技術として、サイバニックレッグを使うことはできるかと思っています。

　しかし、HALを買ってバラバラに分解し、同じようなものをつくることは可能ですから、それをできないようにするために、HALは販売ではなくすべてレンタルという方式にしています。つまり、レンタル先がどういう利用方法をとっているかということを、全部、把握できるようにしています。ドイツで使われているHALも日本のHALもすべてレンタルという方式です。レンタルの方式でいいところは、資産管理はすべて私たち側でできるということと、外部の人による分解や改変ができないようになっているということです。

　さらに、リバースエンジニアリング（製品の構造を分析し、動作原理などを調査すること）ができにくい設計にしています。もうひとつは、モジュール管理技術をどんどん進めていって、すぐには中が分析できないような状態になっています。例えば、中は電子チップで構成されていますが、最終的には半導体そのものを、サイバー

ダイン製のチップで構成しようとしています。そのようなことを進めようとしますと、半導体をつくるメーカーが必要となり、大手のところと連携して進めていくということになります。とにかく、研究開発する人たちのフィロソフィやマインドがとても重要で、その上に、技術を守ったり運用方法を工夫したりしながら、技術が悪用されることを防いでいるのです。

　さらにもうひとつ、サイバーダインという会社が悪い企業に買収されたら大変です。そんなことにならないないように、サイバーダインは日本で初めて、無議決権株式で構成されている会社としてスタートしました。つまり、一般の株主が株を手にしても議決権（会社の経営方針などに対して意思決定する権利）が無い、そのような会社に仕上げました。

　株式を上場することが将来あったらどうなるかという難しい問題があるので、金融庁、あるいは東京株式市場で、無議決権株式を発行することが可能かどうかという検討をしていただいたりして、会社の理念を追求できるよう、種類株式（議決権が制限された株式）での上場を、日本で初めて実現することにしました＊5-1。こういったことも含め、社会をどのように適切につくっていくかということを、みんなで考える時代が来ていると思っています。

＊5-1：2014年3月26日、CYBERDYNE株式会社はマザーズ市場へ株式上場。

5 他者の運動機能共有の可能性

あきひろ くん ▶▶▶

　僕はスキーをやっていてパラリンピックに出たいと思っているのですが、その練習のときに、講師の先生方に「もっと、こう重心を前にしなさい」とか言われます。自分では結構頑張って前にやっているのですが、「これ以上やったら危険」みたいな感覚が先生方に伝わりにくいのです。こういう感覚を講師の人と共有して練習できるのであれば、視覚障がい者のスキーに限らず、同じような感覚が必要なほかのスポーツにも生かしていただけるのではないかと思います。

　また、柔軟性の低い人につま先まで手を伸ばすようなことをさせると、筋肉に結構負担がかかり、身体を痛めたりすることはないのでしょうか。

▶▶▶ 山海先生

　HALは、1体をお医者さんが装着して、もう1体を患者さんに着けてもらい、運動のお手本を教えるということができます（p.10写真5参照）。スキーは足を板に固定して動かすスポーツですので、その構造をもっと高度化する必要がありますが、ある程度できるかなとは思います。今のバージョンではまだ腰のねじりの動きはできませんが、例えば、プロゴルファーのタイガー・ウッズ選手に装着してもらって、スウィングしてもらいます。そのスウィングしたときの動きのデータと、そのときどういうふうに脳が筋肉を動かして

いるかという情報が、すべてコンピュータに記憶されます。その後、ほかの人が装着をして再生ボタンを押すと、どのタイミングで彼が力を出しているかを感じることができる。つまり、トップアスリートのその運動機能を歴史に刻むと同時に、第三者が感じられる……そういうこともできる装置になります。

　もう一つの質問についてお答えします。HALが患者さんに適用できているという意味を簡単にお話しします。患者さんは身体の筋肉がガチガチになっている方や、可動域が小さくなっている方も多いわけですが、そのような方々の可動域を無理やり大きくするわけにはいきませんので、HALを使うときに、最初にHALで最大可動域計測というものをします。その中で動かすことになりますから、それを超えたことはさせないということになります。また、HALは、身体を壊してしまうほどの力を与えないようになっています。これは、電流制限をしているということではなく、もともと本質安全（人に危害を及ぼす危険の源を初めからなくしてしまうという考え方）という観点に基づいて、モーターがそこまで力を出せないように設計されています。ほかにもいろいろとあり身体を壊さないように設計されているのです。

6　HALの未来

ひろし くん ▶▶▶

　これからのHALの使い道とかで、もっと未来を明るくしていく方向性があれば教えてもらえますか。

▶▶▶ 山海先生

　2020年に東京オリンピックがやってきます。みなさんご存知のように、筑波大学は、オリンピックの金メダルとノーベル賞の両方の受賞者を輩出した日本で唯一の大学です。そういった中で、サイバニクス技術を使ってパラリンピックのようなところで、一部適用できるようにもっていけるかなとも思います。

　ただ、もっとガラッと変わった別の使い方として、楽しい使い方でエンターテインメント的な使い方をするとしたら、HALを使った対戦ゲームのようなものもできるかもしれません。

　小さなモーターなどに取り替え、あまり大きな力を出さないようにし、コンピュータを介してディスプレイ上で、AさんとBさんとCさんの3名くらいがHALを装着して、コンピュータの中で、大相撲をしたり、あるいは対戦ゲームで攻撃されると、「おっ、やられた感じがする」ということもひとつですね。あるいはもう少し進めて、HALはすべてのシステムにIT機能が入りインターネット通信ができるようになっていますので、対戦型か、あるいは違う町の○○さんと、または、同じ町の××さん同士で、HALの小型版を使って腕相撲して遊ぶということもできるでしょうし、全身に着け

ることができるわけですから、他にもいろいろなアプリケーション
が考えられます。さきほどのようにスキーなどの運動を教えること
もできるでしょうし、その場に行かなくてもいいのです。遠隔のリ
ハビリテーションや治療も同様です。

　また、介護や重作業といった分野でも高齢化が進んでいますが、
介護者や工場で働く人たちのために適切な労働環境を整備していく
用途にも適応できるでしょう。

　それからもうひとつ、HALは現在、病院や福祉施設のHALの
プロフェッショナルユーザーが患者さんに付いて使ってもらって
いますが、将来的には各家庭に入れたいと思っています。そのため
には、専門家の意見や情報を集約させて、これらの情報を反映さ
せた技術をHALの中のコンピュータに入れ込み、家の中では
ボタンひとつで使えるぐらいにしたいと考えています。家にいれば
いるほど健康になる家にする、こんな使い方もできるのではないか
と思っています。

　さらに、ユニットを薄く軽くして、服と一体化してみたいですね。
ロボットスーツファッションショーみたいなこともやってみたいな
と。そんないろいろなアプリケーションも考えられると思います。

7　HALのまろやかな動きとメンタルサポート

みお さん ▶▶▶

　介護にはやはり、心のケアみたいな面があると思います。人間が感じるやさしい動きって、滑らかな丸い動きが多いと思いますが、プレゼンの中のHALの映像を見ていても、歩く動作がぎこちなくて硬く、直線的なことが多いと思いますが、それはどう解決していくつもりですか。

▶▶▶ **山海先生**

　はい、先ほど使っていた方は、実は、脳神経系の活動があまりよくない状態の人なので、もともとの身体の動きが硬い人です。むしろ、そこから少しずつ良くなって、動くことができるようになっているのです。健常の人が使えば普通に動けます。そのまろやかな動きを含めて、基本的にはHALは連続的な動きができるようになっています。大切なことは、どのようにしてそれぞれの人に合った身体のケアをきちんと継続していけるか、あるいは、家族も大きな介護問題を抱えている中で、メンタルなレベルも含めて、もっと適切に介在していくことができるかということではないでしょうか。

　そのために私のところでは臨床心理士の方がいて、患者さんやそのご家族の方も含めたメンタルサポートをしています。ですから、お医者さん、理学療法士さん、看護師さん、そして臨床心理士の先生も雇用しているということになります。その臨床心理士の先生は、以前私の母校の高校で国語の先生をされていて、県教育センター

などでピア・サポート（「仲間支援」を中心とした、学校などにあたたかい風土をつくるための心理教育）をはじめさまざまなことをして、文部科学省の大臣表彰なども受けた方なのですが、テクノロジーと人とのメンタル領域の新たな開拓を志してサイバーダインに転職し、現在は臨床心理士として、その分野の開拓を進めてもらっています。将来、HALやそのほかの革新的サイバニックシステムにも、このようなメンタル面を支援できる技術や取り組みが加わるかと思います。

　そこにはさらにまろやかな動きだけではなく、もっとその人間の心に残る、きちんと心が通じ合えるようなところまでもっていかないといけないと思っています。最近の科学技術の、特にロボットのトレンドで言うと、認知症を患っている方や、あるいは自閉症の子どもなどに対しても、HALとは別の形態のロボットが、良い役割をしていることもだんだんわかってきているので、そういう総合的な面での分野開拓もしたいと考えています。

8　HALの動力

ひろや くん ▶▶▶

　HALはバッテリーで動いているとは思いますが、ずーっと何らかの形で動いている機械ですから消費電力が気になります。また、消費電力が大きくなって、さらに長い時間使おうとすると、どうしてもバッテリーは重くなっていくと思います。HALの電源と、実際につけている人の身体にかかる負担について詳しくお伺いしたいなと思います。

▶▶▶ 山海先生

　HALはバッテリーで動いています。すべてバッテリーにしていて、1回ごとの交換型です。だいたい5秒、余裕を見て10秒でバッテリーは交換できますから、普通に使う場合には、バッテリーを交換する使い方をしています。ひとりのユーザの方は、だいたい30分〜1時間くらいの使用なので交換の必要はありませんが、もし1時間半以上の使用になれば交換するということです。ただ、使わなければ電池の消費は少ないので、ウェイクアップさせたり、スリープさせたりすればもっと長持ちすると思います。

　バッテリーについては、日進月歩で開発が進んでいて、よりエネルギー密度の高いバッテリーが出てきています。このような状況も含め、バッテリーの安全基準には非常に高いものが必要となってきていますが、HALのバッテリーは、こういった安全基準をすべて満たしています。

2 質疑応答 中高生と大いに語る

　ちなみに、バッテリーを含め、HAL全体の重量はHALの足部ですべて支えているので、装着者はHALの重さを感じない構造になっています。

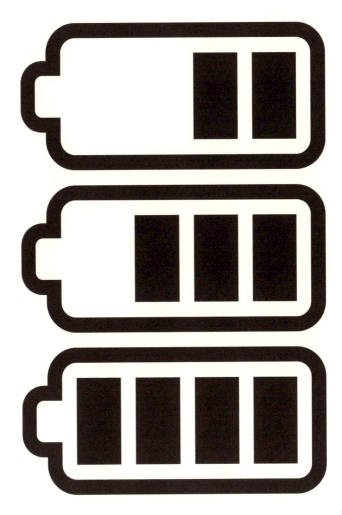

9 HALの電磁波が人体に与える影響

みつひこ くん ▶▶▶

　少し失礼な質問になってしまうかもしれませんが、機械とかの電磁波というのは、やはり身体にあまりいい影響を与えないという話を聞いたことがありますが、HALはそういう点では大丈夫でしょうか。

▶▶▶ 山海先生

　今、みなさんの目の前にもたくさんのデバイスがありますが、これについては電波規格についてほとんど厳しく言われていません。HALについては、医療機器の規格として、人体に対して影響が無いということを示さないといけないようになっています。また、ペースメーカーを使っているような人がいる病院の中でも影響がないようにしているので、出している電磁波の量は、みなさんが周辺や家庭の中で使っている、あらゆるデバイスの中でもおそらく一番小さいものになるかと思います。その電磁波を押さえ込んでいくことに大変苦労しました。ということで、電磁波に関してはご安心ください。

10　勉強の順序について

あや さん ▶▶▶

　まず興味の対象となるものがひとつあって、それをどんどんどんどん突き詰めていくうちに、いろいろとほかのものにも興味がわいてくるといいと思いますが、中高生の時期は興味のあるものから勉強を進めていくべきなのか、それとも幅広く浅く勉強してから興味のあるものを見つけていったほうがいいのか、どちらが良いと思いますか。

▶▶▶ 山海先生

　昔でいう「読み書きそろばん」のような基礎の部分については、楽しい楽しくないということとは関係なく、そこは社会の中で生きていく基本的能力としてしっかりやるべきです。字が読めて文章が書け、計算ができることはかなり重要です。それ以外については、興味の部分が非常に重要で、「専門バカ」という言葉がありますが、あれは中途半端な専門をやると「この辺でおしまい」となってしまうからそうなるのだと思います。しかし、ずーっと掘り下げていくと、何もかもがつながっていく。富士山の裾野のようにどんどん広くつながってきます。つまり、物事をどこまで見ていくかということがかなり重要です。その広げ方の意志や情熱が伝わってくるような、先を尖らせながら深みを狙うというやり方と、掘り下げながら広げるというやり方もあると思います。私は掘り下げながら広げることと、斜めにシャープにしていくこととは、実は同時にできると

思っていますので、それはどちらと決めないでいたほうがいいのではないでしょうか。

　私の1歳違いの弟が、つくばの研究所に勤めています。彼とたまに会うと、「日々やることが多くて大変だね」って話をお互いにすることがあります。そうすると彼は私に助言をくれます。私がいろんなことをやっていたりすると、「人生、あれかこれかじゃないか」と言いますが、それに対して私は、「うーん、なるほど。でも、あれもこれも、ありかな」と……。ということで、横の話にも興味をもつといいと思います。

　例えば、新聞をさらーっと読んだり、テレビでニュースを聞くことも、社会に興味があれば当然出てきます。そうすると私の場合は、「もう興味がいろいろありすぎて、時間が無くて困るなぁ」となるので、そういったニュースなどいろいろなものは大体テレビで自動録画してあって、家に帰ると早送りでさーっと観てしまいます。ですからそのとき話題の「半沢直樹」や「あまちゃん」などのテレビドラマも全部観ています。「いつ観ているのですか」とよく言われますが、早送りをしようが何をしようがとにかく観ています。人間の脳というのは、知的な部分の脳の活動というものだけでなく、もっと情緒的な部分も必要で、バランスよくその両者を含めて脳全体を興奮させたり、適切に休めさせたりしていくようなことがいいのだと思います。

　「やりがい」や「興味」というのは、なんだかワクワクさせてくれますね。そのなんともいえない感覚や感動で、頭の中にドーパミンなどを出しながら、さらにそのほかに「これはどうなんだろう、あれはどうなんだろう」と、いつも疑問をもつようにしていれば、気

がつくと横も縦も全部がつながっていくと思いますので、それぐらい、どーんと構えてやってはいかがでしょうか。

　この脳は、所詮人間ですから限りはあります。しかしやる気になると、実はある段階から、ほとんど苦労せずに情報が入ってきます。今は学ぶものが多いので、しんどいところもあるでしょうが、そこを超えていくと、ちょっとした情報から、外挿していけるようになります。点と点を内挿してつないでいくと、徐々にその延長が見えてくる。しばらくすると、少なくとも入り口が見えてくる状況になると思いますので、頑張ってみてください。

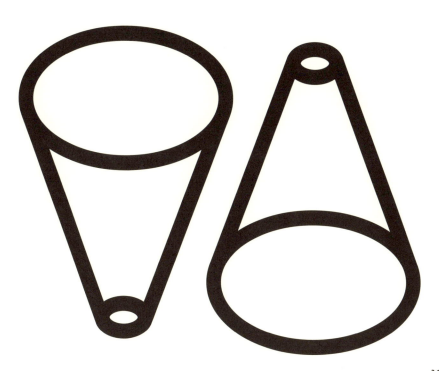

11 筋力に与える影響

けんいち くん ▶▶▶

　HALは動作支援をするというお話を伺いましたが、HALを装着することによって、かえって筋力が落ちてしまうということは無いのでしょうか。

▶▶▶ 山海先生

　HALは、随意制御です。自分の意思で動く制御になっていて、力の補助の仕方は、細かく調整ができるようになっています。例えば、立つことができない状態というのは、立つことに必要な力が1g足りないだけで立てない。そこをちょっと助けてあげた瞬間に立つことができ、歩くこともできるようになっていきます。その意味で、これに全部頼っていこうとすると、身体の方が退化してしまう可能性がありますが、HALは随意制御で機能していますから、自分が常に、ある程度頑張らなければならないようになっています。

　そして、随意制御とロボット的な自律制御の割合のバランスの調整については、医師や理学療法士などの専門家が行い、脳神経系や身体の機能の回復状態に合わせながら、HALを微調整し働かせるので、筋力が落ちることはありません。

12　HALのデザイン

なおと くん ▶▶▶

　僕は、HALの近未来的なデザインが好きですが、HALを使用される方の中には、ご年配の方もいて敬遠される方もいるのではないかと思います。デザインについて、これから何か変えていったりする計画はあるのでしょうか。

▶▶▶ 山海先生

　私は、賞を取ることにはあまり興味はないのですが、試しに良いデザインを競うコンテストに出してみたところ、「グッドデザイン賞」のグランプリの決戦までいきました。最終的にグランプリは、ある自動車会社が取りましたが、HALは金賞を取ることができました。ということで、デザインにはかなり凝っています。身体機能が低下した方がHALを使っているときに、人から「こういうものを身に着けてるって大変ですねぇ」と言われるのじゃなくて、「素敵ですね」って言われるところにもっていきたいという気持ちがありました。実は、グッドデザイン賞とは別に、私たちの取り組みとして、独自にデザイナーに声をかけ、2012 年に5つの国でそれぞれHALのデザインコンペをやり、その後、ドイツで全体のデザインコンテストをして、2013年11月には表彰式を行いました。そういったことをするくらいデザインというものはかなり重要だと思っています。お年寄りの方が近未来的なデザインを好きか嫌いかっていう話ですが、私の亡くなった伯母もそうでしたが、「この最新型

105

の新幹線、かっこいいわね！」「あの真っ赤な新型車、かっこいいわね！」と言っていました。やはり、お年を召した方にとっても、かっこいいものはかっこいいのではないでしょうか。例えば「お年を召したに人は、こちらの漆塗りバージョンがありますよ」と言っても、HALに限って言えばあまり漆塗りの木製のものは好まれないかもしれませんね。やはり、人それぞれの感性があって、個人的な好みはあるとしても、多くの方が「これはいいな」と思うものがあると思いますので、その点はかなり重視しています。昔のデザインも、かなりかっこいいもの多く、例えば私が卒業した高校の制服は、私の学生時分のものと男女ともに今も変わっていません。その制服を着たリカちゃん人形のストラップも作られたそうです。また、お年を召した方も、結構華やかなものを好む一面もあるのかなと思います。先ほどの私の伯母は亡くなりましたが、かなり華やかに、キラキラしておりました。ということで、デザインについては、これからも重視して考えたいと思っています。

　ほかの事例を言いますと、筑波大学の私の隣の研究室にいた学生さん（廊下ですれ違うたびにお辞儀してくれていました）が、夏に短いズボンをはいて来られたときに、私は驚いてしまいました。両足とも義足だったのです。私が見たことのないアメリカ製のものです。とてもかっこよかったので、すれ違った瞬間に振り返って「キミキミ、ちょっと足に（義足に）触らせてくれないかね」と言って、義足を触らせてもらいました。彼は卒業するときに、使っていない古い義足を私にプレゼントしてくれました。あるときには彼の友人たちが、彼に近寄って、楽しげな声の中で「すごーい」と言っていました。それぐらいかっこいいデザインであったことは確かでした。

そういった意味で、HALも身に着けるものですから、よりいっそうデザインについては注意深く設計していこうと思っています。

13 HALのサイズ調整

かな さん ▶▶▶

　HALは医療支援にも活用されるので、サイズ調整とかも必要になるかと思いますが、大人用で例えばSとかMとか、そういうサイズに分けられているのでしょうか、それともHALで微調整ができるのでしょうか。

▶▶▶ **山海先生**

　現状では、S、M、L、XLサイズに分けられていて、すべてのバージョンは微調整ができるようになっていますので、装着者のサイズにぴったり合うような設計になっています。そうは言っても、このラインナップでは子どもには難しいでしょう。うーん、ここだけの話でちょっと秘密ですが、実はびっくりするくらい小型のSSサイズを、ついに試作することができました。この最新版のSSサイズのHALは、カーボンファイバーでできています。機構から全部見直して、例えば部材と部材をつないでいたところを、すべて一体成形にしたりして開発したので、たいへん軽いものとなりました。

14　HALの特許をめぐって

たつより くん ▶▶▶

　HALは、最先端の技術をいっぱい入れたと思いますが、どのくらいの数の特許をとられたのですか。

▶▶▶ 山海先生

　特許の数については、周辺特許を含めると相当たくさんあって、数をお答えするのは難しいところです。私はHALの基本特許を筑波大学に譲渡しています*。

　特許について補足しますと、基本特許の部分については、世界中の自動車、家電製品など、すべての分野から最高の特許として表彰していただきました。HALが最高特許を受けた際は、発明協会総裁である常陸宮殿下のお名前で殿下から直接手渡しで賞をいただきました。ちなみに、ほかの特許の表彰は、経済産業大臣、特許庁長官、文部科学大臣のお名前で表彰されています。

　特許に関することで、もう一つ。興味はとても大事ですが、もうひとつ重要なのは、出口イメージだと思います。何を最終的にするかということを見据えて、そこに対して興味をもつことです。人や社会に対する意義や価値を明確にすることは、特許にもつながります。このように先を見据えることで状況が大きく変わった例を紹介します。

＊参考　現在は国際展開が始まっているので、基本特許を含む関連特許はすべて、筑波大学とサイバーダイン社との共同保有にしている。

私の友人に海の中の砂粒の方程式を導出することを趣味にしている人がいます。海の中の波でひらひらと砂粒が舞い、海底に模様ができる。彼は、それを一生かけて黙々と方程式に表すことをしています。彼にとっては、このひらひら舞う小さな粒の動きが美しく不思議でたまらないのでしょう。

　ある日、その彼が私のところにやってきたときのやり取りです。

彼：「研究費の予算を申請しても、全然通らなくて、パソコンも買えないんです」

私：「その研究は、このあとどういうふうに発展してつながっていくのですか」

彼：「いやぁ、そんなことは考えてないんですよ」

私：「それでしたら、パソコンくらいはご自分のお給料で買うのが良いのではないかと思いますが……。国の予算でやるのであれば、きちんと人や社会に還元できることをやりましょう」

彼：「じゃ、どうしたらいいんですか」

私：「僕がちょっとヒントだけ出しますから、これでやってみますか。先生は砂粒が好きなんですか」

彼：「いや、小っちゃければ何でもいいんです」

私：「わかりました。だったらこうしましょう。砂粒を赤血球に置き換えてください」

彼：「で、どうするんですか」

私：「人工心臓の中で流れのよどみ点ができると、そこで血栓ができて、結局、人工心臓の中でできた血栓がピュッと飛んで脳の血管につまって脳梗塞になってしまい、麻痺が生じたり、死ぬこともある。つまり、心臓が助かっても脳で死ぬ、ということ

ですね。ですから、小さな赤血球の粒が、流れがよどむ点で舞いながら集まってくる状態を解析するときに先生の技術を使うと、先生の研究が活きるはずですよ」

こうやって、その先生のアプローチを変えてあげたわけです。その後、彼がやってきて、「先生、予算が通って研究用のパソコンが買えるようになりました！」と喜んでいました。

私が言いたいのは、ちょっと先を見据えておけば、同じ課題が社会の役に立つことに変わるということです。こういった癖をつけておくこともひとつ有用かなって思っています。

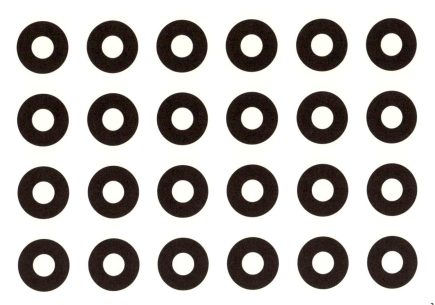

謝辞 (生徒から)

ゆかり さん

　本日は、私たちのために貴重なお話をしてくださり、ありがとうございました。私たち高校生が山海先生のような方のお話を聞くという機会は、めったに無いことなので、本日は貴重な経験となりました。また、先生も私たちとの討論を通じて何か感じていただけたらうれしいと思います。

　私が感じたことは、「明確なビジョンをもつということの大切さ」です。先生が小学校の作文で「僕の夢は研究者・科学者になることだ」と、「ロボットをつくる……これは夢なんかじゃない」ということを書かれていたということを知って、そんなに小さな頃から明確なビジョンをもっていたんだなっていうことに、非常に驚きました。強いイメージをもって、それを実現させるために具体的なビジョンをもつということが、実現につながるんだなって感じました。そして明確なビジョンだけではおそらく不十分で、それを追いかけて実現させる行動力というのが必要だと、先生の話を通じて思いました。

　特に、先生の幼い頃の実験の話などは非常におもしろく、自分の力で考えて工夫する、そういうプロセスが成功や失敗に関係なく大切だなと思うとともに、自分が抱いていた疑問や思いに素直にぶつかっていくことが、私たちにとって大切だと感じました。そして、さらに大事なものは、「人を思いやる心」と先生はおっしゃっていましたが、それが本当に重要で、それによって私たちはホントに豊かな社会がつくれると今日はあらためて感じました。

　先生のおっしゃるように、「人を思いやる心」というのを柱として、

その中で少年のような、ワクワクするような夢をもつ。そしてそれを情熱で追いかける。さらにその想像力と幅広い知識をもって、私たちが思いっきり明るい未来をつくっていけるように、その担い手となれたらいいなと思います。

　本日はどうもありがとうございました。

謝辞（教職員から）

　教職員を代表しまして、山海先生にお礼を申し上げます。本日は本当にありがとうございました。前半の90分の講演の中では、中高生ということを意識してくださいまして、幼いときの夢、それを研究に、そして最後はそれが社会を幸せにするのに、どうつながっていくかということを丁寧にお話しいただきました。今日聞いている中高生は、これを聞きながら、今、高校生の言ったお礼の中にもありましたように、「人と社会を思いやる心をもって未来を開拓する」志をあらたにしてくれていると思っています。

　それから、今日の題名の「大いに語る」ということで、1時間にわたって、中高生からの質問に対して、大変丁寧にわかりやすく回答してくださいまして、ありがとうございました。それはまさに「大いに語る」であったと思います。正直なところ、教職員のわれわれも大変勉強になりましたし、生徒からもいい質問がたくさん出て、私も嬉しく思いました。その中で、トップシークレットだと思われることがいくつもありました。教職員にはたぶん言われないことでしょうが、生徒たちには未来があるからこそ、トップシークレットを、惜しげもなく先生はお話しくださったのだと思っています。また、「HALで社会や人を幸せにする、そのためには、テクノロジーだけではなくて、しっかりした倫理観をもつべきである」ということも強調されました。戦争で使われたら大変ですし、会社を設立したときには、それを悪用されないため法律の勉強もしなければならない。つまり自分がミッションをもって「やりたい」と思ったときには、それを実現させるためにどんどん広い分野を勉強していくこ

とが必要になり、それが人の幸せにつながっていくということを教えてくださいました。ありがとうございます。

　もうひとつ、人を幸せにするために、社会を幸せにするために科学技術を使う、その研究をしている先生は、実に幸せそうだということを感じました。これが研究者の理想の姿だなということを、中高生とともに学んだと思っています。

　今日は本当にありがとうございました。

むすびの挨拶

山海先生

　今日の感想ですが、幸せです。あまり語ると、うるうるときそうなのですが、次の時代をつくるみなさんに何らかのメッセージを残せたと思うと本当に嬉しく思います。真剣に聞いてもらえて有り難く思っています。

　みなさんには、これから社会をつくっていくコアメンバーとして、ぜひ頑張ってもらえればと思っています。今日、夢の話にちょっと触れましたが、大人は夢をもてと言いすぎるところがあります。もし夢をもてず悩ましく思っていたとしたら、夢をもって歩んでいる誰かほかの人と一緒に歩んでいく道だってあるのですよ。夢をもてなかったら、なかったなりの生き方はありますから、思い悩んでくよくよしないでいてください。

　それと、社会の中で生きていくときに、自分が生きることだけでアップアップしていたのでは他人（ひと）のために活動することはできません。人や社会のために何かできる人間になるためには、応分の力が必要なんです。そういう力をきちんと身につけて、未来を開拓する挑戦者「チャレンジャー」として、歩んでもらえたらなと思っています。

　これは最後の私のお願いでもあります。2050年は、国民の約4割の人が65歳以上になります。そういう社会課題に直面する時代を、みなさんは乗り越えていかなければいけないのです。今日の話を参考にしながら、より良い社会になるよう挑戦を続け、「あるべき姿の未来」を築いていって欲しいなと思っています。

2　質疑応答　中高生と大いに語る

　つたない話ではありましたが、みなさんにはそういった未来開拓への思いを託しながら、話を終えたいと思います。みなさんのこれからの活躍を期待しています。頑張ってください。

著者紹介

山海 嘉之（さんかい　よしゆき）

1987 年筑波大学大学院修了。工学博士。

筑波大学助教授、米国 Baylor 医科大学客員教授を経て、現在、筑波大学システム情報系教授・サイバニクス研究センター研究統括。文部科学省 GCOE サイバニクス国際教育研究拠点リーダー、内閣府 FIRST 中心研究者を経て、現在、内閣府 ImPACT：革新的研究開発推進プログラム　プログラムマネージャー。CYBERDYNE 株式会社代表取締役社長／CEO。世界経済フォーラム Global Future Council Member。日本ロボット学会フェロー、計測自動制御学会フェロー。

国際標準化機構（ISO）や国際電気標準会議（IEC）などの Personal Care Robot および Medical Robot 委員会のエキスパートメンバーとして国際規格の策定にも従事。2004 年 CYBERDYNE 株式会社を起業し、2014 年日本で初めて種類株式での上場を達成。

2005 年 The 2005 World Technology Award 大賞、2006 年グッドデザイン賞金賞、2007 年経済産業大臣賞、2009 年全国発明表彰 21 世紀発明賞、2014 年 Edison Awards　金賞、IPO of the Year（トムソン・ロイター）、2015 年 Innovative Equity Deal of the Year（トムソン・ロイター）、2016 年ロボット大賞　厚生労働大臣賞、2017 年日本ベンチャー大賞 内閣総理大臣賞など他多数受賞。

新領域【サイバニクス：人・ロボット・情報系の融合複合】を創成。人の身体機能を改善・補助・拡張・再生するための世界初のサイボーグ型ロボット「HAL®」の基礎研究開発から社会実装までを一貫して推進。脳・神経・筋系疾患患者の機能改善・機能再生治療を行う革新的なロボット治療機器「医療用 HAL」の医療機器化・保険適用化などを達成。超高齢社会の複合課題を解決するため、革新技術創生・新産業創出・未来開拓型人材育成を同時展開。超スマート社会 "Society5.0" を、人とテクノロジーが共生する未来社会 "Society5.1" ＝『人』＋『サイバー・フィジカル空間』の融合として、【サイバニクス】を駆使しながら人を中心に構成し進化させる新たなビジョンを示し、産業変革・社会変革に向けた好循環イノベーションの実現に向け挑戦を続けている。

サイバニクスが拓く未来
――テクノピアサポートの時代を生きる君たちへ――

2018 年 3 月 30 日初版発行

著　者　山海　嘉之

発行所　筑波大学出版会
　　　　〒 305-8577
　　　　茨城県つくば市天王台 1-1-1
　　　　電話（029）853-2050
　　　　http://www.press.tsukuba.ac.jp/

発売所　丸善出版株式会社
　　　　〒 101-0051
　　　　東京都千代田区神田神保町 2-17
　　　　電話（03）3512-3256
　　　　http://pub.maruzen.co.jp/

編集・制作協力　丸善プラネット株式会社
デザイン　坂巻裕一

©Yoshiyuki SANKAI, 2018　　　　　　Printed in Japan
組版／月明組版
印刷・製本／富士美術印刷株式会社
ISBN978-4-904074-47-3 C0040